U0281338

丛书编委会

中国软件行业协会应用软件产品云服务分会数智化系列丛书

零基础学低（无）代码

曹开彬　刘英博　主编

電子工業出版社.

Publishing House of Electronics Industry

北京·BEIJING

内 容 简 介

本书分为三部分。第一部分内容介绍软件是如何开发出来的，详细介绍了什么是软件、软件开发的主要流程、软件的开发、软件的运行、软件的维护、软件工程。第二部分内容介绍使用低（无）代码进行开发，详细介绍了低（无）代码的起源、低（无）代码开发的主要流程、构建业务模型、运营与运维，同时介绍了清华数为低代码开发工具的案例，以及低（无）代码的发展趋势。第三部分内容介绍低（无）代码平台的选择，详细介绍了低（无）代码的应用、如何选择低（无）代码平台、低（无）代码厂商的发展状况和应用案例。

本书面向企业决策者、一线业务人员、高校教师和学生，旨在向读者普及低（无）代码的相关知识，也适合计算机从业人员阅读和参考。

图书在版编目（CIP）数据

零基础学低（无）代码 / 曹开彬，刘英博主编 . —北京：电子工业出版社，2023.8
（中国软件行业协会应用软件产品云服务分会数智化系列丛书）
ISBN 978-7-121-46079-1

Ⅰ.①零… Ⅱ.①曹…②刘… Ⅲ.①软件开发 Ⅳ.① TP311.52

中国国家版本馆 CIP 数据核字（2023）第 144787 号

责任编辑：张　楠
文字编辑：白雪纯
印　　刷：涿州市般润文化传播有限公司
装　　订：涿州市般润文化传播有限公司
出版发行：电子工业出版社
　　　　　北京市海淀区万寿路 173 信箱　　邮编：100036
开　　本：720×1000　1/16　印张：16　字数：307.2 千字
版　　次：2023 年 8 月第 1 版
印　　次：2025 年 1 月第 3 次印刷
定　　价：79.00 元

凡所购买电子工业出版社图书有缺损问题，请向购买书店调换。若书店售缺，请与本社发行部联系，联系及邮购电话：(010) 88254888，88258888。

质量投诉请发邮件至 zlts@phei.com.cn，盗版侵权举报请发邮件至 dbqq@phei.com.cn。

本书咨询联系方式：(010) 88254590。

贯彻新发展理念，构建新发展格局，关键在于推动科技创新，建设科技强国，推动数字化转型，推动经济高质量发展。如果积极把握前沿科技，则更有助于弯道超车。

当前，新兴技术不断涌现，尤其是在数字经济领域，大数据、人工智能、数字孪生、物联网、5G、区块链、元宇宙等新技术不断发展，有效提高了生产力，逐步改变人们与世界的互动方式。其中，低（无）代码也是当前非常热门、颇具代表性的新兴技术，具有巨大的潜力和发展价值。

所谓低（无）代码，是指编写少量代码，或者不需要代码，就能快速写出应用程序的技术。在数字技术广泛应用的"全民编程"时代，低（无）代码"刷新了"软件开发模式——非专业的开发人员也能进行程序开发。甚至，结合自身喜好，根据所希望的程序流程、功能、界面等，借助低（无）代码，一个未学过编程的人，也可以随心所欲地开发出一个属于自己的应用程序。

低（无）代码之所以备受关注，之所以值得认真研究和推广普及，在于其本身有着巨大的价值：它能提升开发效率、降低开发门槛。在接受波士顿低代码平台 Creatio 调研的 1000 位开发高管中，90% 的人认为相对于传统方式，低代码开发速度有明显提高。更重要的是，技术开发原本是具有一定难度的，需要耗费不少的人力和资源；当前如火如荼的数字化转型更需要大量的编程技术投入。低（无）代码的出现，使技术开发、数字化转型的门槛更低，从而加快数字普惠，有效促进数字经济发展。

真正实现数字普惠的低（无）代码，为数字生态构建注入新动能，实现更丰富的应用和场景融合，为企业数字化转型提供强劲的助推力，为我国广泛的场景和多样化的需求，带来快速、灵活的解决方案，尤其是为我国几千万家中小企业构建了低成本、便捷高效的数字化建设之路，对数字经济发展将起到积极促进作用。因此，向社会各界更加广泛地推广使用低（无）代码，帮助更多人认识、掌握、应用低（无）代码，具有深远意义。

正是基于这样的背景，《零基础学低（无）代码》一书应运而生。

中国软件行业协会应用软件产品云服务分会秘书长、海比研究院院长曹开彬与清华大学软件学院的刘英博老师担纲主持，联络我国软件技术领域的各路精英，用一年多的时间认真编写的这本新书，系统全面地阐述了低（无）代码的起源、开发流程、业务模型构建、适用范围与应用场景、运营与运维，以及低（无）代码的发展趋势等内容，通过大量的案例和通俗易懂的文字，让更多零基础的读者快速认识、掌握、应用低（无）代码，真正通过低（无）代码实现"人人都能成为开发人员""加速驱动企业数字化转型"的美好愿望。

本书是目前市场上第一本关于低（无）代码的普及性读物。前沿又实用的视角，深入浅出的内容、较强的可读性，可以让广大读者快速掌握低（无）代码的实用技巧。无论你是技术高手，还是技术小白，打开此书，都能从系统、翔实的案例中，从前人的智慧与实践中，有所汲取，有所收获。

技术改变商业，也带动创新创业。我相信，学习好、掌握好、应用好低（无）代码，不仅可以加快各行各业的数字化转型进程，而且可为众多创新创业者带来新的创业机遇。期待大家喜欢这本书。

刘九如

电子工业出版社总编辑兼华信研究院院长

目前，"非接触式"服务激增，不断加快产业数字化进程。数据是重要的生产要素，数字经济成为重组资源、重塑结构、改变竞争格局的关键力量。在数字化需求不断爆发的市场环境下，低（无）代码成为信息与通信技术领域较大的增量市场之一。

低代码这一概念产生于 20 世纪 80 年代流行的"第四代编程语言"。1980 年，IBM 公司推出的快速应用程序开发工具（RAD）又被称为低代码，该工具强调编程的目的性。此后，经过技术的不断发展，无代码这一概念也被提出。21 世纪初出现了可视化编程语言，低（无）代码也在持续发展。

低（无）代码无须编码开发，或只需编写少量代码，像搭积木那样，通过拖曳的方式即可快速生成应用程序，大大降低技术门槛，让更多业务人员参与甚至主导项目的开发。通过低（无）代码平台，开发人员可一站式搭建生产管理系统、项目管理系统、办公系统、人事财务系统等。

低（无）代码能在合适的业务场景下大幅度降低成本、提高效率，为开发人员提供全新的高生产力开发范式。同时，低（无）代码还能让不懂代码的非专业人员成为开发人员，弥补日益扩大的专业人才缺口，促进业务与技术深度协作。

随着低（无）代码的不断成熟，我国企事业单位和个人用户在数据、生产、协同办公等方面的开发需求将持续增加，低（无）代码将从现阶段的培育期进入快速发展期。同国外相比，国内的低（无）代码还有很大的发展空间。一是我国低（无）代码的发展起步较晚，近两三年，低（无）代码才走向大众视野，而在此之前，行业讯息较少，沉淀不足；二是相关行业对低（无）代码的平台、应用范围和未来的发展趋势还未形成相对统一的认识；三是在应用场景方面，低（无）

代码的落地实践案例还不够多、应用场景还不够广，应用率较低。

目前，我们可喜地看到一批低（无）代码平台的发展和壮大，这些平台为行业提供了丰富的案例和应用场景，并积极投身于数字化科普阵营。很希望这本由中国软件行业协会应用软件产品云服务分会牵头、多位行业专家和多家创新企业参与编写的《零基础学低（无）代码》一书，帮助更多普通人认识和应用低（无）代码，并从中受益。

希望各位读者能学好、用好低（无）代码。拥抱低（无）代码，建设数字化！

许建钢

中国软件行业协会应用软件产品云服务分会会长

21世纪是属于信息科技的时代，数字技术不断发展，数字应用场景不断丰富，人们的学习、工作、生活也越来越与数字化密不可分，经济、社会也在"数字力量"的推动下向前发展。在数字时代，软件是支撑一切的核心，软件开发也会随着技术的发展不断进化。近年来，低（无）代码的崛起，为软件开发提供了新的方向。

低（无）代码在商业方面已完成了从"技术价值"到"应用价值"的闭环。本书介绍了百度、用友、伙伴云等多家在低（无）代码领域进行深入布局的低代码厂商，越来越多的厂商、企业、开发人员也在积极拥抱低（无）代码，制造、金融、零售等行业也对低（无）代码有大量的使用需求，低（无）代码将大有可为。

未来，低（无）代码将连接大量的开发人员或业务人员，将赋能大量的数字化转型企业，将适用于广泛的应用场景，将解决传统开发方式下的痛点……总而言之，在未来的数字世界中，低（无）代码将占有一席之地。

促进低（无）代码的发展，需要技术创新，也需要技术的总结、推广、应用，需要培养大量的实干人才，需要产业、学者、从业者共同助力，这本《零基础学低（无）代码》就是在这样的背景下诞生的。

本书集合了产业、学者、从业者等多方力量，将低（无）代码的理念、技术、应用、案例等进行了专业、系统、全面的介绍，是一本关于低（无）代码的"教学材料"，一本理论与实践相结合的"自学手册"，一本凝结了大量经验的"案例合集"。总之，本书详细讲解了低（无）代码的技术细节，剖析了大量案例，形成了方法论，为读者提供了一套"学、研、用"低（无）代码的完善体系。或许，你的软件开发之旅、低（无）代码的从业之路，将从这里迈出第一步。

低（无）代码不断发展，有望成为引领产业升级、推动数字化转型的核心力量。我们应把握前沿技术的脉动，拥抱技术创新，推动低（无）代码进一步发展，实现数字技术创新，推动数字经济的高质量发展。

曹开彬

推动传统产业转型升级、发展数字经济、建设数字中国已成为国家战略。推进数字产业化和产业数字化，实现数字经济和实体经济深度融合，打造具有国际竞争力的数字产业集群成为各级政府和各行各业的共同目标。数字经济的发展离不开各类数字化软件，也离不开实现运营管理功能的业务系统。软件是数字经济运行的载体，软件正在"吃掉世界"，软件正在"定义世界"。

国内的数智化专业研究机构海比研究院的报告显示，要满足未来有关数字中国、数字经济的数字化转型场景的全部需求，需要开发至少上亿个数字化应用。如果使用传统的软件和数字化产品研发模式，则现有的开发人员将无法满足需要。当前，软件基本是由开发人员基于 C 语言、Java 语言等程序开发语言进行编码开发的。这种开发模式的门槛高、难度大、效率低、成本高。

近年来，一种新的软件和数字化应用的开发模式迅速成为业界热点，这就是低（无）代码。低（无）代码基于低（无）代码平台进行研发，可以不写代码或少写代码，以拖曳组件的方式进行应用程序开发。使用低（无）代码进行开发的特点之一是门槛低，不用专门学习难度较大的程序开发语言；另一个特点是开发效率高。海比研究院认为，使用低（无）代码进行开发将成为数字经济时代最重要的开发方式之一，80% 的数字化应用将采用低（无）代码进行开发。

因此，在数字经济时代，掌握低（无）代码相关的技术，用低（无）代码平台进行数字化应用开发，或许将成为人们工作与生活的一项基本技能。低（无）代码也会与使用 Word、Excel 软件一样，成为人人必备的办公技能。在不久的将来，人人都可以是开发人员。

近年来，低（无）代码厂商如雨后春笋般涌现。与此同时，越来越多的人想使用专业书籍系统学习低（无）代码。目前，市场上与低（无）代码相关的书籍并不多，仅有的几本也多为厂商编写，都是面向开发人员的专业技术类图书。作为促进产业的第三方组织，中国软件行业协会应用软件产品云服务分会（下称协会）敏锐地意识到这一问题。因此，协会决定联合中国软件网、海比研究院等对低（无）代码有深入研究和积累的专业机构，共同组织编写一本入门科普读物——《零基础学低（无）代码》。本书面向软件开发基础为零或基础比较差的读者，使读者通过本书，了解软件和数字化应用开发的基本知识，并详细了解低（无）代码的基本概念、方法与模式，以及当前主流的低（无）代码产品。本书能使各类企业高管、一线业务人员、高校教师和学生，以及软件技术人员，快速学习、使用低（无）代码。

为了高质量地编写此书，协会组织了业界的知名厂商与专家，共同组成了编委会。在此衷心感谢参与编写的十几位专家，愿在百忙之中参与本书的撰写。各位专家利用丰富的技术架构经验和赋能企业数字化转型的实战经验，提供了丰富的技术案例，介绍了低（无）代码的实操方法和行业应用落地心得。正是因为各位专家共同拥有"推动低（无）代码的普及、帮助中国的企业与数字经济紧密融合"的责任感，本书才能高质量出版。

"全民编程"的时代已经到来，普通人都可能会成为某个 App 或小程序的开发人员：一个家庭主妇动动手指，就能开发出监控家庭成员健康状态的小程序；一个小学班主任可以用低（无）代码开发班级智能管理 App；一个菜市场的商贩能用低（无）代码定制个性化的结算收银系统。

历史经验告诉我们，快速接受新事物的人能紧跟时代的步伐、适应时代的变化，拒绝新事物的人往往会被历史淘汰。衷心祝愿每个读到这本书的有缘人都能把握住时代给予的新机遇，超越认知、思维和经验的边界，共同创造属于我们的数字经济新未来。

目 录

第一部分　软件是这样开发出来的　·· **001**

第 1 章　什么是软件　·· **002**
　1.1　软件是怎样产生的 ·· 002
　1.2　软件的组成 ·· 004
　　1.2.1　软件的逻辑组成 ·· 004
　　1.2.2　软件的物理组成 ·· 010
　1.3　软件的特性 ·· 012
　1.4　软件的分类 ·· 015
　　1.4.1　按应用范围分类 ·· 016
　　1.4.2　按工作方式分类 ·· 017
　　1.4.3　其他软件 ·· 017
　1.5　软件的商业模式 ·· 019

第 2 章　软件开发的主要流程　·· **022**
　2.1　设计：从问题到设计方案 ·· 022
　2.2　开发：从设计方案到可执行的程序 ·· 023
　2.3　部署：将程序呈现给用户 ·· 025
　2.4　小结 ·· 025

第 3 章　软件的开发、运行与维护　·· **027**
　3.1　软件的开发 ·· 027
　　3.1.1　开发环境 ·· 027
　　3.1.2　开发语言 ·· 027

3.1.3 开发工具 ··· 028

3.1.4 测试工具 ··· 029

3.1.5 其他工具 ··· 030

3.2 软件的运行 ··· 030

3.2.1 操作系统 ··· 031

3.2.2 数据库 ··· 032

3.2.3 中间件 ··· 033

3.2.4 相关硬件 ··· 034

3.3 软件的维护 ··· 035

第 4 章　软件工程 ··· 037

4.1 软件工程的起源和内容 ··· 037

4.1.1 为什么会产生软件工程 ··· 037

4.1.2 软件工程的主要内容 ··· 038

4.2 软件工程发展面临的挑战 ··· 039

4.2.1 外部环境的变化 ··· 039

4.2.2 软件需求不断变化 ··· 041

4.2.3 软件工程的发展 ··· 042

4.2.4 软件的质量 ··· 044

4.2.5 软件生命周期模型 ··· 046

4.3 软件工程亟须演进 ··· 048

4.3.1 软件工程需解决的核心问题 ····································· 048

4.3.2 过程重组 ··· 049

4.3.3 方法优化 ··· 049

4.3.4 工具变革 ··· 050

4.4 软件开发的展望 ··· 050

4.4.1 工业化 ··· 050

4.4.2 公民化 ··· 051

4.4.3 智能化 ··· 051

第二部分　使用低（无）代码进行开发 ··························· 053

第 5 章　低（无）代码的起源和介绍 ························· 054

5.1 低（无）代码的发展历程 ··· 054

5.2 低（无）代码的定义 ·· 056

5.2.1 什么是低代码 ·· 056

5.2.2 什么是无代码 ·· 057

5.3 低（无）代码的优势 ·· 058

第 6 章 低（无）代码开发的主要流程 ··························· 061

6.1 低（无）代码开发的环境准备 ·································· 061

6.2 无代码的开发流程 ·· 062

6.2.1 明确需求，方案设计 ······································· 064

6.2.2 新建应用，业务表单线上化 ······························· 066

6.2.3 流程设定 ··· 067

6.2.4 功能测试与上线 ··· 068

6.3 模型驱动的低代码开发流程 ······································ 069

6.3.1 需求分析与设计 ··· 071

6.3.2 开发 ··· 078

6.3.3 测试 ··· 080

6.3.4 部署与反馈 ··· 082

6.4 表单驱动的低代码开发流程 ······································ 085

6.5 何时需要编码 ··· 086

第 7 章 企业应用开发的关键：构建业务模型 ··················· 088

7.1 业务模型和领域模型 ·· 089

7.1.1 业务模型 ··· 089

7.1.2 领域模型 ··· 089

7.2 业务建模的流程 ·· 091

7.2.1 什么是业务建模 ··· 091

7.2.2 需求分析 ··· 093

7.2.3 概念抽象 ··· 094

7.2.4 业务属性的定义 ··· 095

7.2.5 业务关系的定义 ··· 097

7.2.6 其他定义 ··· 099

7.3 查询与视图 ·· 100

7.3.1 使用场景 ··· 100

7.3.2 关键步骤 ··· 101

7.4 业务逻辑 ·· 102

    7.4.1 什么是业务逻辑 ·· 102

    7.4.2 业务逻辑的实现 ·· 103

7.5 工作流程 ·· 105

    7.5.1 工作流程的应用场景 ·· 105

    7.5.2 BPMN 2.0 规范 ·· 105

    7.5.3 工作流程的实现 ·· 108

7.6 用户界面的实现 ·· 112

    7.6.1 用户界面的实现原理 ·· 112

    7.6.2 用户界面的实现方式 ·· 114

第 8 章 运营与运维 ·· 117

8.1 低（无）代码平台的运营与运维 ·· 117

    8.1.1 低（无）代码平台的运营 ··· 117

    8.1.2 低（无）代码平台的运维 ··· 120

    8.1.3 运营与运维的关系 ·· 121

    8.1.4 低（无）代码平台的运维与传统运维的不同 ·················· 122

8.2 为什么要进行运营和运维 ·· 123

    8.2.1 运营的重要性 ··· 123

    8.2.2 运维的重要性 ··· 125

第 9 章 清华数为低代码开发工具案例 ··· 128

9.1 需求分析 ·· 128

9.2 建立数据模型 ··· 129

9.3 建立表单模型 ··· 133

    9.3.1 创建 PC 端表单 ·· 134

    9.3.2 创建移动端表单 ·· 141

9.4 创建应用 ·· 144

    9.4.1 创建 PC 端应用 ·· 144

    9.4.2 创建移动端应用 ·· 146

9.5 组织模型与权限模型 ··· 149

9.6 模型的打包与发布 ··· 151

9.7 小结 ·· 153

第 10 章　低（无）代码的发展趋势 ·· 154

10.1　低（无）代码和数字化转型的关系 ······························· 154

10.2　低（无）代码平台的现状 ·· 155

10.3　企业对低（无）代码的期待 ··· 156

10.4　低（无）代码人才 ··· 158

第三部分　低（无）代码平台的选择·· **159**

第 11 章　低（无）代码的应用 ··· 160

11.1　低（无）代码的应用场景 ·· 160

11.2　低（无）代码平台的案例分析 ·· 163

11.2.1　低代码平台的案例分析 ·· 163

11.2.2　无代码平台的案例分析 ·· 167

第 12 章　如何选择低（无）代码平台 ·· 171

12.1　为什么需要低（无）代码平台 ·· 171

12.1.1　想解决什么问题 ··· 171

12.1.2　低（无）代码平台的价值 ···································· 173

12.1.3　低（无）代码平台的特点 ···································· 174

12.2　低（无）代码平台的选择模型 ·· 175

12.2.1　体现企业的战略方向 ·· 175

12.2.2　明确企业的痛点 ··· 175

12.2.3　明确应用的等级和类型 ······································ 177

12.2.4　明确驱动模型 ·· 180

12.2.5　明确平台的评价指标 ·· 181

12.3　选型案例 ·· 185

12.4　选型时应避免的误区 ··· 188

第 13 章　低（无）代码厂商的发展状况与应用案例 ····················· 189

13.1　低（无）代码厂商的分类 ·· 189

13.2　低（无）代码厂商介绍 ··· 190

13.2.1　葡萄城 ·· 190

13.2.2　得帆信息 ··· 192

13.2.3　致远互联 ··· 193

13.2.4　炎黄盈动 ·· 195

13.2.5　奥哲 ·· 197

13.2.6　数睿数据 ·· 198

13.2.7　蓝凌 ·· 200

13.2.8　百度 ·· 202

13.2.9　西门子 ·· 204

13.2.10　金现代 ··· 206

13.2.11　伙伴云 ··· 207

13.2.12　用友 ··· 209

13.2.13　轻流 ··· 211

13.2.14　武汉爱科 ··· 213

13.3　低（无）代码应用案例 ····································· 215

13.3.1　智慧地产：葡萄城和景瑞地产（集团）有限公司 ········· 215

13.3.2　智慧汽车：得帆信息和安徽江淮汽车集团股份有限公司 ···· 217

13.3.3　智慧制造：致远互联和浙江省国际贸易集团有限公司 ······ 219

13.3.4　智慧制造：炎黄盈动和上海市基础工程集团有限公司 ······ 220

13.3.5　智慧地产：奥哲和云南建投第二安装工程有限公司 ········ 222

13.3.6　智慧传统软件：数睿数据和山东亿云信息技术有限公司 ···· 223

13.3.7　智慧养老：蓝凌和悦心养老产业集团 ·················· 225

13.3.8　智慧产业：百度和国内某头部股份制银行 ··············· 226

13.3.9　智慧汽车：西门子和上海汽车集团股份有限公司
　　　　乘用车分公司 ·· 227

13.3.10　智慧制造：金现代和中国中铁电气化局集团有限公司 ······ 229

13.3.11　智慧餐饮：伙伴云和喜家德 ·························· 231

13.3.12　智慧供应链：用友和北京齐力科技有限公司 ············· 232

13.3.13　智慧零售：轻流和天津市大桥道食品有限公司 ··········· 234

13.3.14　智慧建筑：武汉爱科和中国葛洲坝集团有限公司 ········· 236

第一部分

软件是这样开发出来的

第 1 章　什么是软件　　　　　　　　002

第 2 章　软件开发的主要流程　　　　022

第 3 章　软件的开发、运行与维护　　027

第 4 章　软件工程　　　　　　　　　037

什么是软件

对每个人来说，软件并不陌生，因为人们每时每刻都在与软件进行亲密接触。例如，当去超市购物时，使用手机进行付款的支付宝就是常用的支付软件；当开车使用高德地图导航时，使用的就是地图导航软件；当在电脑上处理文件时，使用的 Word 就是办公软件。软件不仅在生活中有广泛应用，而且在工业、农业、服务业等方面也有广泛应用。可以说，在信息化的今天，各行各业都与软件密不可分，人们也无时无刻不沉浸在"软件生活"中，软件为人们的生活带来了便利。

虽然每天都在与软件打交道，但大多数人并没有"见"过软件，也不知道软件"长"什么样，它是怎么"做"出来的，又是怎么"工作"的。本章将详细介绍软件的产生、组成、特性、分类和商业模式。

1.1 软件是怎样产生的

在我国，微信是一款"国民软件"。使用微信的方法非常简单：在手机或电脑（笔记本电脑、台式电脑、平板电脑）等设备中，单击微信图标，微信就会开始运行。

微信是怎么诞生的，又是怎么"跑到"手机或电脑里并能使用的呢？

开发人员要先开发微信程序，用户才能进行使用。开发微信时主要经历了以下步骤。

步骤 1》》 提出"研发一个人人都能使用的社交软件"的想法。

步骤 2》》 对微信的顶层架构进行设计,包括功能架构和技术架构。

步骤 3》》 编写程序。

步骤 4》》 对程序进行测试和优化,最终形成可以对外发布、正式使用的软件。

在开发程序后,微信的程序安装包会被上传到各大手机应用市场和电脑端的下载网站。在使用者下载微信的程序安装包后,手机或电脑中就会出现微信图标。在使用者单击微信图标后,手机或电脑会接收运行微信程序的指令,并开始运行程序。

微信程序长什么样?它是怎样被编写出来的呢?微信程序其实就是一行行的代码文档,和普通的 Word 文档没有什么本质区别。不同之处在于,Word 文档是一行行文字,代码文档是使用 Java 语言、C 语言或其他程序开发语言编写的代码。

在日常生活中,人们接触到与软件有关的概念还包括程序、App、应用、企业应用、商业应用等,这些概念从通俗意义上讲,都可以被称为软件。

- 程序(program):一般是指一组指示计算机或其他具有信息处理能力装置的执行动作或作出判断的指令。一个软件可能由多个程序组成。程序通常用程序语言编写,运行在计算机体系结构上。程序通常具有两种表现形式:指令编码和源程序。指令编码通常表现为二进制编码。源程序由一系列排列有序的符号化指令或符号化语句组成。程序可以用数字、文字、符号表现,并可通过磁带、软盘、硬盘、光盘、闪存等有形媒体进行存储。当一个程序以源代码的形式开发出来后,可利用计算机将源代码编译成可供计算机执行的二进制编码。

- App:英文 application 的简称,即应用软件,通常是指手机的应用软件。App 是通过编码生成的一种特殊程序,能在手机上安装、运行,使手机的功能变得更加完善,为用户提供更丰富的体验。随着智能手机的普及与发展,人们在沟通、社交、娱乐等活动中越来越依赖 App。目前的智能手机一般都具有独立的操作系统和运行空间，可由用户自行安装 App，如游戏、导航、社交等第三方服务商提供的应用软件。

- 应用：一般是指手机、平板和电脑上的应用程序，与 App 的概念类似。

- 企业应用：满足企业各类业务需求的软件，能为企业的运营和管理提供全面支持。典型的企业应用包括资源管理系统、协同办公系统、移动办公系统等。企业应用提供一个开放、动态的群体协作环境，不仅为所有员工提供业务支持，而且支持组织（部门）间、个人与组织、内部与外部组织之间多层次、多方位的协作。

- 商业应用：可作为商品进行交易的软件。当前大多数应用软件都属于商业应用。新一代的商业软件包含统一沟通、企业协作、商业智能、企业项目管理等相关的解决方案，提供强大的集成功能，能为用户提供业务方案，帮助用户实现商业价值。

虽然 App、应用、企业应用和商业应用之间存在一定区别，但是它们的联系也是非常密切的：它们都是通过程序开发语言编写的，都会根据用户的需求与不同的使用场景，实现特定的功能。

1.2 软件的组成

1.2.1 软件的逻辑组成

在人们使用软件时，软件就是电脑或手机中的一个图标，单击它就能开始使用；在分析、理解这个软件时，软件就是一行行的代码，可能是用 C 语言、Java 语言等编写的高级代码，也可能是汇编语言编写的目标代码，甚至可能是用 0 和 1 表示的机器语言代码。

软件的逻辑组成中，最重要的组成部分包括软件架构、交互界面、前端、后端、数据等。下面分别介绍这些组成元素。

1. 软件架构

软件架构是软件的顶层设计。就像在盖房子之前，先要设计整体的房屋建造框架，开发软件也是如此，首先需要进行架构设计，把整个软件的骨架搭建好，再进行后续编码。

软件架构是一系列互相关联的抽象模式，用于指导大型软件系统的设计。软件架构为软件系统提供了结构、行为和属性的高级抽象，由构件的描述、相互作用、集成模式以及集成模式的约束组成。软件架构是一个系统的草图，是构建计算机软件的基础，不仅显示了软件需求和软件结构之间的对应关系，而且确定了整个软件系统的组织和拓扑结构。

软件架构包括软件逻辑架构和软件物理架构。软件逻辑架构是指软件系统中各元件之间的关系，如外部系统接口、用户界面、商业逻辑元件等，它们之间的逻辑关系构建了软件逻辑架构。软件物理架构是指放置软件元件的计算机硬件之间的关系，如分布在上海市和北京市的分布式系统的物理架构，其全部元件都是物理设备，包括主机、应用服务器、代理服务器、存储服务器、报表服务器、Web 服务器等，它们组成了一个分布式应用架构。

2. 交互界面

交互界面是软件的重要元素之一，与人们如何使用软件和使用软件的体验有关。交互界面是人和计算机进行信息交换的通道，用户通过交互界面向计算机输入信息进行操作，计算机通过交互界面向用户提供信息，以供阅读、分析和判断。

交互界面主要包括如下两种类型。

● 命令语言用户界面：通过输入命令指令才能运行的界面系统，如 DOS 操作系统。命令语言用户界面属于人机交互的初级阶段。命令语言用户界面需要记忆大量的命令指令，对初学者来说有一定难度，但操作过程灵活高效，推荐专业人员使用。

● 图形用户界面：当前主流的交互界面，广泛应用于计算机和便携式电子设备，如华为公司的鸿蒙系统、微软公司的 Windows 系统等。图形用户界面的人机交互过程依赖于用户的视觉和手动控制，使用较为便捷。

3. 前端

前端和后端是软件中的重要逻辑组成。软件一般都分为前端与后端两部分。

前端即软件的前台，通常运行在 PC 端、移动端等人们日常使用的计算设备上。随着互联网行业的发展，HTML5、CSS3 和前端框架技术应用越发广泛，跨平台响应式网页设计能适应多种屏幕分辨率，丰富的动态效果为用户带来极高的用户体验。

前端的开发技术一般分为前端设计和前端开发，前端设计可以理解为软件的视觉设计；前端开发是使用程序开发语言编写软件的前台代码，如使用基本的 HTML、CSS 和 JavaScript，还可使用更高版本的 HTML5、CSS3 等程序开发语言。

4. 后端

后端的开发技术主要分为三部分：平台设计、接口设计和功能实现。平台设计主要用于搭建后端的支撑服务容器；接口设计主要针对不同行业，进行相应的功能接口设计，通常一个平台有多组接口，如卫星导航平台有民用和军用两组接口；功能实现是指完成具体的业务逻辑。对于软件而言，可通过前端访问后端数据，实现想要的结果。

5. 数据

数据是软件中的重要元素之一。如何采集、存储、处理、展示数据，是开发软件时需要考虑的重要问题之一。

计算机科学可以说是一门研究数据可视化和数据处理的科学。数据是计算机可以直接处理的最基本、最重要的对象。无论是科学计算、数据处理和过程控制，还是文件的存储和检索，都是对数据进行加工处理的过程。因此，要设计一个结构好、效率高的软件，必须研究数据的特性、数据间的关系和数据的存储方式，并设计相应的算法。

　　数据涉及数据元素、数据项、数据关系、数据结构、数据库、数据库管理系统等基本概念，熟悉这些概念，是进行软件设计的基础。

　　（1）数据元素与数据项

　　数据元素（data element）是数据的基本单位。一个数据元素可由若干数据项（data item）组成，数据项是处理数据时不能分割的最小单位。例如，在图书管理系统中，一条书目信息可作为一个数据元素，该数据元素可由书名、作者名、出版单位、出版时间等数据项组成。数据元素具有广泛的含义，一般来说，能独立、完整地描述问题的一切实体都是数据元素。

　　（2）数据关系

　　数据关系反映了数据元素之间的关系。在处理数据时，通常把数据元素之间的关系用前驱和后继进行表示。例如，现有一张成绩表，成绩按照名次进行排列，每个同学都是一个数据元素，某个同学的属性（如姓名、成绩）就是数据项，各数据元素存在前驱和后继的关系。例如，第一名学生没有前驱，后继是第二名学生；第二名学生的前驱是第一名，后继是第三名学生。

　　（3）数据结构

　　数据结构（data structure）是指存在一种或多种关系的数据元素的集合。如图 1.1 所示，数据结构通常分为如下几种。

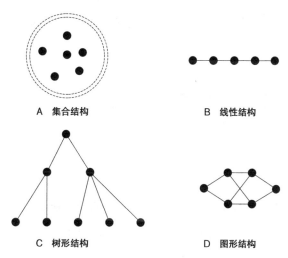

图 1.1　数据结构的分类

- 集合结构：在该结构中，所有的数据元素都属于同一个集合。集合结构是元素关系极为松散的一种结构。
- 线性结构：数据元素之间存在着一对一的关系。线性结构是程序设计中最常用的数据结构。
- 树形结构：数据元素之间存在着一对多的关系，简称树结构或层次结构。
- 图形结构：数据元素之间存在多对多的关系。图形结构也称为网状结构。

数据结构具有两个要素：数据元素集合和关系集合。因此在形式上，数据结构可以用二元组进行表示。

（4）数据库

简而言之，数据库就是存放数据的仓库，只不过这个仓库位于计算机的存储设备中，并且数据是按一定的格式存放的。过去，人们把数据存放在文件柜里，在科学技术飞速发展的今天，人们的视野越来越广，数据量急剧增加，人们借助计算机和数据库技术科学地保存、管理大量的复杂数据，便于利用这些信息资源。

（5）数据库管理系统

数据库管理系统（database management system，DBMS）是对数据进行管理的大型系统软件，在操作系统（operating system，OS）的支持下进行工作。DBMS在确保数据安全、可靠的同时，大大提高了用户使用数据时的便捷性。用户对数据进行的一切操作，包括定义、查询、更新、控制数据，都是通过 DBMS 完成的。

小资料：理解数据库的相关概念

1. 数据描述

在现实生活中，描述一个事物是非常简单的。例如，如果看到"一棵树"，则可以称其为"一棵树"，但怎么在计算机中描述"一棵树"呢？计算机只识别 0 和 1，"一棵树"是不能直接存储到计算机中的。

如果想在计算机中存储"一棵树"，则可先把"一棵树"抽象出来，变为信息世界的概念模型，然后将概念模型变为 DBMS 支持的数据模型，存储在计算机中。

简单来说，数据描述就是将现实世界中的实物抽象为概念模型并转换为 DBMS 支持的类型，存储到计算机中。

2. 数据模型

数据模型主要用于描述数据，一般由如下部分组成。

- 数据结构：对象与对象之间的关系。
- 数据操作：增加、删除、修改、查找。
- 完整性约束：按照一定规则限定数据范围，如年龄不能为负数。

3. 实体

客观存在并可相互区别的事物被称为实体（entity），例如，课程表就是一个实体。

4. 属性

实体的某一特性被称为属性（attribute）。属性在数据库中又被称为字段或列。例如，在课程表这个实体中，课程名、课程号、学时就是属性。

5. 算法

算法（algorithm）与实现软件的核心功能息息相关。算法与数据结构的关系紧密：在设计算法时，要先确定相应的数据结构；在选择数据结构时，也必须考虑相应的算法。

算法是对特定问题求解步骤的一种描述，是指令的有限序列，其中每一条指令表示一个或多个操作。

（1）算法的分类

在实际应用中，算法的表现形式多种多样，但许多算法的设计思想具有相似之处。算法有如下分类方式。

- 按照实现方式进行分类，可将算法分为递归算法、迭代算法、逻辑算法、串行算法、并行算法、分布式算法等。
- 按照设计方法进行分类，可将算法分为穷举算法、分治算法、线性规划算法、动态规划算法等。
- 按照应用领域进行分类，可将算法分为排序算法、搜索算法、图论算法、机器学习、加密算法、数据压缩算法等。

（2）算法的表示方式

算法可以使用多种方法进行描述，不同的表示方法有不同的特点，常用的表示方式包括自然语言、程序流程图、程序设计语言等。最简单的方法是使用自然语言描述算法。用自然语言描述算法的优点是简单，便于人们阅读算法，缺点是不够严谨。

1.2.2 软件的物理组成

1. 源代码

源代码，也称源程序，是指一系列人类可读的计算机语言指令，是开发人员通过开发工具，用汇编语言和高级语言编写的源文件，是一组由字符、符号或信号码元以离散形式表示信息的明确规则体系。源代码最常用的格式是文本文件。

源代码的最终目的是将人类可以理解的文本，翻译为计算机可以执行的二进制指令，这个过程叫作编译，通过编译器完成。源代码作为软件的物理组成之一，可能被包含在一个或多个文件中。一个程序不必用同一种格式的源代码编写。例如，一个程序如果支持 C 语言库，则可以使用 C 语言进行编写，而该程序的某些部分为了达到较高的运行效率，可使用汇编语言编写。较为复杂的软件，一般需要数十种源代码参与。为了降低编写的复杂程度，需引入一种描述源代码之间的联系和如何正确编译的系统。在这样的背景下，修订控制系统（RCS）就诞生了，并成为开发人员修订代码时的必备工具。此外，还可以分别在不同的平台实现源代码的编写和编译，该过程被称为软件移植。

源代码主要有如下作用。

- 生成目标代码，即生成计算机可以识别的代码。
- 对软件进行说明，即对软件的编写进行说明。

2. 说明文档

不少初学者，甚至少数有经验的开发人员都会忽视说明文档的编写。说明文档虽然不会在生成的程序中直接显示，也不参与编译，但是对软件的学习、分享、维护和复用都有很大的作用。因此，编写说明文档被认为是创造优秀程序的良好习惯之一，一些公司也要求开发人员在开发软件时，必须编写说明文档。

（1）说明文档的作用

在软件的开发过程中，可能需要记录和使用大量的信息。因此，软件的说明文档在产品的开发生产过程中有重要作用，是影响软件可维护性的决定性因素。大型软件系统在使用过程中必然会经过多次修改，完善说明文档尤为重要。

说明文档是软件的一部分，说明文档的编制在软件开发工作中有突出的地位，在开发过程中起到了关键作用。从某种意义上来说，说明文档是软件开发规范的指南。按照规范生成说明文档，就是按照软件开发的规范完成软件开发。所以，在使用工程化的原理和方法指导软件开发与维护时，应当充分注重说明文档的编写与管理。

（2）说明文档的分类

说明文档从形式上分为两类，一类是开发过程中填写的各种图表，被称为工作表格；另一类是编制的技术资料或技术管理资料，被称为文档或文件。说明文档可以编写，也可以在计算机中产生，但它必须是可阅读的。

说明文档大致可分为以下三类。

- 开发文档：主要描述软件的开发过程，可作为开发人员前一阶段工作成果的体现和后一阶段工作的依据。开发文档包括可行性研究报告、项目开发计划、软件需求说明书、数据要求说明书、概要设计说明书、详细设计说明书等。
- 管理文档：在软件的开发过程中，开发人员在项目管理信息的基础上，制定工作计划或工作报告。管理人员能通过管理文档了解软件开发的项目安排、进度和资源使用情况。管理文档包括开发进度报告和项目开发总结。
- 用户文档：开发人员为用户准备的文档，描述了如何使用、操作和维护该软件。用户文档包括用户手册和操作手册。质量较高的用户文档不仅对企业非常有益，而且能使用户从中得到便利。使用不准确的或已经过时的用户文档会对用户产生消极的影响。如果用户在使用产品时遇到问题，不能通过产品的用户文档进行解决，则会对产品产生怀疑乃至失去信心，企业的信誉和利益自然而然就会受到损害。

1.3 软件的特性

硬件是计算机系统中的物理部件，而软件是逻辑部件。因此，与硬件相比，软件有许多不同特性。

1. 形态特性

软件是一种抽象的逻辑实体，不具有物理实体的形态特性。虽然软件可存储在介质中，但是无法看到软件的物理形态。

2. 生产特性

软件的生产与硬件或传统的制造产品的生产不同。如果需要为多个用户提供软件，则软件的复制流程比硬件简单很多，成本也较低。软件的生产成本主要是设计、开发软件的成本。

3. 维护特性

硬件是有损耗的，硬件的磨损和老化会导致故障率增加甚至使硬件损坏。软件虽不存在磨损和老化问题，但存在退化问题。在软件的生存期中，为了能使软件适应用户的新需求，必须对其进行多次修改，每次修改都有可能引入新的错误，导致软件的失效率升高，从而使软件退化。软件的时间－失效率曲线图如图 1.2 所示。

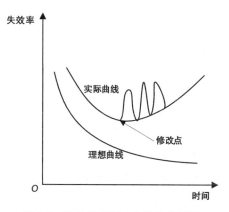

图 1.2　软件的时间－失效率曲线图

4. 复杂特性

软件的复杂特性一方面源于实际问题的复杂性，另一方面也来自程序结构的复杂性。由于软件具有复杂特性，软件技术的发展明显落后于复杂的软件需求，且这个差距日益加大。软件的时间－软件复杂性曲线图如图 1.3 所示。

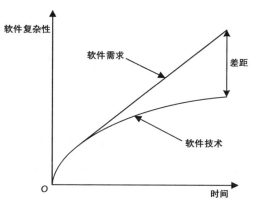

图 1.3　软件的时间－软件复杂性曲线图

5. 智能特性

软件是复杂的智能产品，凝聚了大量的脑力劳动成果，也体现了知识、实践经验和人类智慧，具有一定的智能特性。软件可以帮助人们进行复杂的计算，也可对问题进行分析、判断和决策。

6. 质量特性

软件的质量是参差不齐的，原因有如下两点。

- 软件的开发需求在软件开发之初常常是不确切的，开发需求也经常在开发过程中变更，这就会使软件质量失去了衡量标准。
- 软件测试技术存在不可克服的局限性。任何软件测试都只能在很多应用实例数据中选取有限的数据，无法检验大多数实例，也无法根据测试得到完全没有缺陷的软件。长期使用的软件没有发现问题，并不意味着今后使用该软件也不会出现问题。

7. 环境特性

软件的开发和运行都离不开相关的计算机系统环境，包括支持软件开发和运行的相关硬件和软件。软件对计算机系统的环境有依赖性。

8. 管理特性

软件的开发管理十分重要，这种管理可以归结为对知识型工作者的智力劳动管理，包括必要的培训、指导、激励，同时需推行制度化规程。

9. 废弃特性

与硬件不同，软件并不是由于物理磨损而被废弃的。如果软件的运行环境变化较大，或用户提出了难以满足的需求，则对软件进行适应性维护的成本过高。此时软件已经走到生存期的终点，会被废弃，用户也应采用新的软件。

10. 成本特性

软件的研制工作需要投入大量、复杂、高强度的脑力劳动，开发成本较高。在 20 世纪 50 年代末，软件的成本大约占软、硬件总成本的百分之十几，大部分成本还是花在硬件上。如今，软件的开发成本远远高于硬件的开发成本。软、硬件的成本占比图如图 1.4 所示。

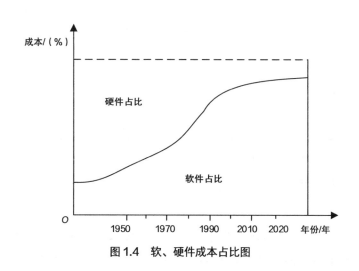

图 1.4　软、硬件成本占比图

1.4　软件的分类

软件的存储方式多种多样，可以把软件保存在计算机的存储器内部，也可以保留在磁盘、硬盘、光盘和 U 盘等介质上。软件的生产方式与硬件不同：软件在开发过程中没有明显的制造过程，是通过人们的智力活动，把知识和技术转化成信息的一种产品。当某一软件研制成功后，就可以大量复制该软件。

人们在工作和学习中，经常接触各种软件。要提供一个科学、统一、严格的计算机分类标准是不太现实的。根据不同类型的工程对象，对软件类型进行划分是很有必要的，这样可根据软件的类型，采取不同开发和维护软件的方法。

1.4.1 按应用范围分类

如果按照应用范围划分，则可将软件分为系统软件、支撑软件和应用软件。

1. 系统软件

系统软件为使用计算机提供最基本的功能，包括操作系统、数据库管理系统、设备驱动程序、通信处理程序等。其中，操作系统是最基本的软件，负责管理计算机系统中各种独立硬件，使这些独立硬件可以协调工作。系统软件将计算机当作一个整体，而不用顾及底层硬件是如何工作的。

2. 支撑软件

支撑软件是协助开发软件的工具性软件，包括帮助开发人员开发软件的工具和帮助管理人员控制开发进程的工具。

支撑软件大致可分为如下几类。

- 一般支撑软件：文本编辑程序、文件格式化程序、程序库系统等。
- 支持需求分析的软件：问题描述分析器、关系型数据库系统、一致性检验程序等。
- 支持设计的软件：图形软件包、结构化流程图绘图程序、设计分析程序等。
- 支持编码实现的软件：编译程序、交叉编译程序、预编译程序、连接编译程序等。
- 支持测试的软件：静态分析程序、符号执行程序、模拟程序、测试覆盖检验程序等。
- 支持管理的软件：计划评审进度程序、绘图程序、标准检验程序、库管理程序等。

3. 应用软件

应用软件是指在特定领域内、为实现特定服务所开发的软件，可以是一个独立的程序，如图片浏览器，也可以是一组联系紧密、互相协作的程序集合，如微软的 Office 软件，或是一个由众多独立程序组成的软件系统，如数据库管理系统。

目前，几乎所有的经济领域都使用了应用软件，应用软件种类繁多，其中，商业数据处理软件的用户数量较多。应用软件还包括计算机辅助设计软件、计算机辅助制造软件、系统仿真软件、智能产品嵌入软件（如汽车油耗控制系统、仪表盘数字显示系统、刹车系统）和人工智能软件等。此外，在事务管理、办公自动化、中文信息处理、计算机辅助教学（CAI）等领域的软件也得到迅速发展。

1.4.2　按工作方式分类

根据工作方式，可将软件分为如下几种。

- 实时处理软件：可立即处理产生的事件或数据，及时反馈信号，并监测和控制数据采集、分析、输出等过程。在使用该软件处理事件时，应严格规定处理时间，如果处理时间超出规定时间，则会造成事故。
- 分时软件：允许多个联机用户同时使用计算机的软件。系统为联机用户轮流分配处理机时间，使每个用户都认为只有自己在使用计算机。
- 交互式软件：实现人机通信的软件。这类软件在接收用户给出的信息时，不严格限定处理时间。
- 批处理软件：以批处理的方式同时运行一组输入作业或数据，并按顺序处理的软件。

1.4.3　其他软件

1. 嵌入式软件

嵌入式系统与嵌入式软件密不可分。嵌入式系统一般由嵌入式微处理器、外围硬件设备、嵌入式操作系统、用户应用程序组成，用于实现对其他设备的监视或管理。嵌入式软件是基于嵌入式系统设计的，由程序及其文档组成。

嵌入式软件有如下特点。

- 实用性：嵌入式软件是为嵌入式系统服务的，这就要求它与外部的硬件和设备联系紧密。嵌入式软件根据应用需求，面向产业和市场进行定向开发。
- 适用性：嵌入式软件通常可以被认为是一种模块化软件，在不破坏或更改原有系统特性和功能的基础上，能非常灵活地应用于各种嵌入式系统。为了灵活使用嵌入式软件，应尽量优化配置，减少对嵌入式系统的依赖性。
- 精简性：因为对嵌入式软件有体积小、存储空间小、成本低、功耗低等要求，所以与其他软件相比，嵌入式软件具有代码精简、执行效率高等特点。
- 可靠性：嵌入式系统对软件要求较高，特别是与安全相关的领域，如汽车电子、工业控制、航空航天等。这些领域的嵌入式系统不仅要求硬件可靠，还对嵌入式软件提出了更高的要求，即运行可靠、稳定，具有错误处理和故障恢复等功能。

嵌入式软件可以分为如下三种。

- 嵌入式系统软件：控制和管理嵌入式系统资源，为嵌入式应用提供支持的软件，如设备驱动程序、嵌入式操作系统、嵌入式中间件等。华为公司的鸿蒙系统就是典型的嵌入式系统软件。
- 嵌入式支撑软件：辅助软件开发的工具软件，如系统分析设计工具、在线仿真工具、交叉编译器和配置管理工具等。
- 嵌入式应用软件：嵌入式系统中的上层软件，定义了嵌入式设备的主要功能和用途，并负责与用户进行交互。应用软件是嵌入式系统功能的体现，如飞行控制软件、音频播放软件、电子地图软件等，一般面向特定的应用领域。

2. 手机软件

智能手机是指可以通过移动通信网络实现无线网络接入的手机类型的总称。智能手机和电脑一样，具有独立的操作系统和运行空间，可由用户自行安装软件。手机软件主要是指安装在智能手机上的软件，用于完善原始系统的不足，并进行个性化设计，使手机功能更完善，为用户提供更丰富的功能。随着智能手机的普及，人们在社交、娱乐等活动中越来越依赖手机软件。

运行手机软件需要有相应的系统，当前主流的手机系统包括苹果公司的 iOS 系统、谷歌公司的 Android 系统、华为公司的鸿蒙系统等。

根据手机软件的来源不同，可将手机软件分为手机预装软件和用户安装的第三方应用软件。手机预装软件是指手机出厂自带的软件，一般消费者无法自行删除此类软件。除了手机预装软件，还有用户从手机应用市场自行下载、安装的第三方应用软件。

1.5　软件的商业模式

如今的大多数软件属于商业软件。商业软件在商业模式上有不同的授权方式，只有在获得用户同意使用该软件的许可后，才能合法使用该软件，软件的许可条款也须符合法律法规。根据授权方式的不同，软件的商业模式可分为如下几种。

- 专属软件商业模式：通常不允许用户随意复制、研究、修改或散布软件。一旦违反此类规定，通常会有严重的法律责任。传统的商业软件公司会采用此类商业模式，如微软的办公软件就采用此类商业模式。专属软件的源代码通常被公司视为私有财产，并进行严密的保护。
- 自由软件商业模式：与专属软件相反，允许用户复制、研究、修改和散布软件，并提供源代码供用户自由使用。自由软件包括 Linux、Firefox、OpenOffice 等。
- 共享软件商业模式：通常允许用户免费获取软件并使用其试用版，使用试用版时会限制功能或使用时限。开发人员鼓励用户付费，从而获得功能完整的商业版本。根据开发人员的授权，用户可以从各种渠道免费得到软件的拷贝，也可以自由传播它。
- 免费软件商业模式：可免费下载和转载软件，不提供源代码，也无法修改软件。

● 公共软件商业模式：开发人员放弃权利、著作权过期、找不到开发人员的软件，用户在使用该软件时无任何限制。

软件是人类商品社会中的一种特殊商品，生产难度大、成本高，但复制难度小、成本低。软件开发人员为了保护自身的权益，就需要采取保护措施，防止自己开发或销售的软件被免费复制，从而防止软件中的智力成果和知识产权被非法使用。

小资料：加密工具

为了保证开发人员的权益，新开发的软件需要进行版权保护，防止软件被随意拷贝。通常用第三方工具完成软件版权的保护和授权管理。加密后的软件只能通过特定的硬件才能使用，或者只有在指定电脑上安装授权软件后，才能使用软件。

目前，主要有如下三种实现授权保护的工具。

● 加密锁：一种硬件，目前常用的是 USB 形式的产品，或使用安全度较高的智能卡芯片。开发商可使用加密锁实现多种安全保护技术。

● 软锁：以加密文件的形式存储在本地，实现限时绑定设备。一般用授权码的方式可以实现软锁的授权保护。

● 云锁：必须联网才能获取软件的使用授权。在代码加密方面，主要防止代码被反编译。

近年来，软件数量不断增长，软件功能越来越复杂，黑客们频繁利用软件的漏洞或使用恶意软件窃取用户隐私、破坏用户系统，这就涉及软件安全问题。

　　对于商业软件而言，软件运行时需要一些工具保障软件和数据的安全。尤其对于企业来说，网络安全的核心是企业信息的安全。为了防止非法用户利用网络系统的安全缺陷窃取、伪造和破坏数据，必须建立企业网络信息系统的安全服务体系。目前，浏览器、服务器技术已经广泛运用于企业网络信息系统中，一种基本的网络安全系统应运而生，这就是防火墙系统。该系统可在公用网络系统和企业内部网络之间设置，或者在内部网络的不同网段之间设置，用于保护企业的核心秘密，并抵御非法攻击。随着企业业务的不断发展，对网络的安全服务也提出了新的要求，例如，用户认证的加密存储和加密传输等功能，都需要使用信息安全工具进行保护。

第 2 章

软件开发的主要流程

软件是固化的知识与经验，软件开发是知识形态转换的过程，本质是将现实中解决问题的思路和知识，"翻译"成计算机能操作的语言。根据问题的复杂度和规模不同，软件的开发流程也存在较大差异。最简单的软件开发流程可以分为设计、开发、部署三个步骤。

下面通过一个简单的例子简要说明软件开发的核心流程。要开发一个"读者调研"软件，用于调查本书的读者中有多大比例毕业于计算机相关专业，有多大比例在之前听说过低（无）代码。

2.1 设计：从问题到设计方案

根据"读者调研"软件的需求，可提出 3 个问题：读者如何找到这个软件、读者如何通过这个软件填写自己的教育背景、如何统计读者填写的内容。我相信您已经有了自己的答案，比如：

- 如何找到软件：在书的护封上印刷一个二维码，扫描后打开一个指导安装软件的网页。
- 如何填写内容：在软件页面上放置两个选区，并分别提问："问题 1：是否毕业于计算机相关专业"和"问题 2：之前是否听说过低（无）代码"；再放置一个"提交"按钮，用户单击此按钮后，将在服务器上保存一条记录，记录包含用户对这两个问题的回答。

● 如何统计内容：针对上述两个问题，在软件界面上展示勾选了的记录总数和没有勾选的记录总数，并通过勾选记录数 /（勾选记录数 + 没有勾选记录数）的算法，计算出比例，一同展示在界面上。

这些看似非常简单的答案，就组成了设计方案，这里面用到了很多与软件开发相关的知识和经验，例如，可以将软件的下载地址做成一个二维码供读者扫码访问；使用带有文字的选区描述现实中的问题；将读者填写问卷的界面和展示统计结果的界面进行功能区分等。

2.2　开发：从设计方案到可执行的程序

设计完成后，还需要利用软件开发工具，将设计方案变成可执行的程序。目前，主流的程序通常分为三层：数据存储层、业务逻辑层和交互界面层，需要通过编码或可视化设计的方式分别完成这三层的开发工作。

1. 数据存储层：数据库开发

目前，多数的软件是从数据存储层开始进行开发的。数据库开发是指在数据库中搭建用于存储数据的数据模型。数据库开发的第一步是从设计方案中找到需要存储的数据。在"读者调研"软件中，可以轻松发现，需要存储的数据只有读者填写的问卷。如果后期不会对问卷的问题进行修改，也不考虑添加"禁止一个微信用户提交多份问卷"的功能，则可以在数据库中设计一张名为问卷数据表，其中包含"问题 1""问题 2"两个字段。这一步通常需要用到数据库管理工具，以可视化的方式拖曳组件完成数据表，也可以使用 SQL 语言进行编程。

2. 业务逻辑层：服务端开发

在完成数据存储层的开发工作后，需要基于上述提到的问卷数据表开发业务逻辑，这个阶段也被称为服务端开发。业务逻辑通常表现为可供界面调用的 API，这个例子是基于 Web 页面设计的，所使用的 API 是目前最常见的WebAPI。

服务端开发需要先分析设计方案中的行为。提交问卷和查询统计结果是"读者调研"软件中需要处理的行为，需要为这两个行为分别创建 WebAPI，步骤如下。

步骤 1 提交问卷WebAPI可接受读者输入的数据，即两个问题的答案。

步骤 2 在问卷数据表里插入一条记录，问题1、问题2两个字段。

步骤 3 如果数据库插入操作成功完成，则WebAPI的返回结果为"OK"；如果出错，则传回具体的错误信息。

步骤 4 查询统计结果WebAPI，直接读取问卷数据表存储的数据，按照设计方案的规则，分别计算问题1和问题2的勾选数、未勾选数、勾选率，并将这些数据作为返回值传递给调用者。

上面的步骤介绍了最基本的业务逻辑：读取参数、数据库操作、逻辑判断、数学计算等。现实中，通常还会涉及异常处理、事务处理等确保程序可靠性的操作。服务端开发通常基于特定的框架和组件使用编程语言开发，也可以使用低（无）代码平台，通过可视化的方式进行开发。

3. 交互界面层：前端开发

数据存储层和业务逻辑层通常运行在服务器上，不能直接供用户使用。数据库开发和服务端开发通常被称为"后端"，与之对应，交互界面层被称为"前端"。在"读者调研"软件中，用户可以操作的页面有两个，一个是填写问卷的页面，另一个是展示统计结果的页面。前端开发工作就是创建这些页面，供用户使用。页面最初是空白的，首先需要通过编码或可视化的方式，将用于展示内容的文字和响应用户操作的控件"摆放"在页面上，并根据设计方案设置默认值、文字内容等，然后调整布局、设置样式，使页面更美观。最后，将业务逻辑层和交互界面层打通。例如，在读者单击"提交"按钮时，会调用业务逻辑层的提交问卷

WebAPI，将问题 1 和问题 2 的选项传送至后端，并且将后端返回的结果展示到页面上；在打开页面时，调用查询统计结果 WebAPI，获取问题 1 和问题 2 的统计结果，并展示在页面上。

到这里，一个简单的软件就开发完成了，这个软件包含 2 个页面、2 个 WebAPI 和 1 张数据表。读者可以通过这个软件填写问卷或查看数据统计结果。

2.3 部署：将程序呈现给用户

为了确保用户使用的软件稳定、可靠，通常会为用户准备专用的服务器和数据库，即生产环境。生产环境与开发时使用的开发环境完全分离，避免互相干扰。部署是指将开发完成并通过测试的软件安装到生产环境上供用户使用的过程。

部署可分为环境搭建、软件安装和参数配置三个环节。环境搭建是指在计算机上安装软件运行所需的组件，如数据库服务、平台框架、Web 服务等，如果选择的是平台即服务（PaaS）的云计算模式，则云服务会自动完成环境搭建工作。对于 Web 应用，软件安装非常简单，通常是将一系列文件拷贝至服务器对应的目录。为了便于开发和测试，开发环境和生产环境中有部分数据不同，如业务逻辑层中需要用到的数据库 IP 地址、用户和密码。在生产环境中修改这些数据将"读者调研"软件的下载地址制作成二维码，印刷在图书上，"读者调研"软件就可以使用了。

2.4 小结

本章以"读者调研"软件为例，展示了从零开始，开发一个软件的过程。在现实中，软件开发的项目规模、处理逻辑和团队管理远比本书提到的例子复杂，但基本流程大同小异。

一方面，以可视化技术为代表的新一代软件开发技术的应用场景已拓展到整个软件开发阶段，软件开发已不再是纯粹的编码工作。新技术不断降低开发环节的技术门槛，为软件开发提供了便利。

另一方面，随着应用场景的深化、软件规模的扩大，软件用户，特别是企业用户对软件开发的可靠性、可用性、安全性、可维护性等方面的要求也在不断提升，这就要求软件开发人员必须具备相应的知识和技能。

第 3 章

软件的开发、运行与维护

软件开发就像盖楼，除了建筑工人作为盖楼的主力，还需要建筑工地、建筑材料、设备等各种其他元素作为支撑。开发环境作为建筑工地，提供开发所需的平台；开发语言作为建筑材料，每种开发语言具有各自的特点，影响盖楼的效率；开发工具就像塔吊、控制网、系统平台等设备，起到开发、测试、信息同步的作用。

3.1　软件的开发

3.1.1　开发环境

开发环境（development environment）是指为支持系统软件和应用软件的工程化开发和维护而使用的一组软件。它由软件工具和环境集成机制构成，软件工具用于支持软件开发的相关活动，环境集成机制为工具集成和软件的开发、维护及管理提供统一的支持。

简单来说，开发环境是系统、数据库、工具等各种元素构成的有机集合。

3.1.2　开发语言

开发语言也被称为编程语言（programming language），可以简单地理解为是一种计算机和人类都能识别的语言。人类通过不同的语言与他人沟通，如汉语、英语、法语等，尽管输出的形式不同，但是最终都能达到交流的目的。同样，可以通过语言控制计算机，使计算机为开发人员做事情，这样的语言就叫作开发语言。开发语言有很多种，常用的开发语言有 C、C++、Java、C#、Python、PHP、Go、Objective-C、Swift、汇编语言等。不同的开发语言有不同的特点，使用的开发语言不同，效率不同。

3.1.3　开发工具

计算机看不懂开发人员写的代码，需要一些程序进行翻译，这个程序就是编译器。编译器可将开发人员写的代码翻译为八位的二进制字符串进行运行。在实际开发过程中，除了编译器，往往还需要如下辅助工具。

- 编辑器：用于编写代码，并且为代码着色，方便开发人员阅读。
- 代码提示器：输入部分代码，即可提示全部代码，加快代码的编写速度。
- 调试器：观察程序的运行步骤，发现程序的逻辑错误。
- 项目管理工具：对程序涉及的所有资源进行管理，包括源文件、图片、视频、第三方库等。
- 可视化界面：按钮、面板、菜单、窗口等控件组成的界面，便于开发人员进行操作。

上述工具通常被打包在一起，统一进行发布和安装，打包后的工具被称为集成开发环境（Integrated Development Environment，IDE）。集成开发环境是一系列开发工具的组合，这就好比台式机，一个台式机的核心部件是主机，有了主机就能独立工作了。但在购买台式机时，往往还需购买显示器、键盘、鼠标、U 盘、摄像头等外围设备，因为只有主机很难进行操作，必须配备外围设备才能使用。集成开发环境也是如此，只有编译器很难进行开发，还要配备其他辅助工具。

常见的集成开发环境有如下几种。

- Micvosoft Visual Studio：简称 VS，是微软公司的开发工具包系列产品。VS 是一个较为完整的开发工具集，包含整个软件生命周期中所需要的大部分工具，如 UML 工具、代码管控工具等。
- Eclipse：著名的跨平台开源集成开发环境。Eclipse 本身只是一个框架平台，但是众多插件的支持使 Eclipse 拥有较好的灵活性，许多软件开发商以 Eclipse 为框架，开发自己的 IDE。
- IDEA：全称为 IntelliJ IDEA，是 Java 编程语言开发的集成环境，在业界被认为是最好的 Java 开发工具之一，尤其在智能代码助手、代码自动提示、重构、JavaEE 支持、JUnit、代码分析、GUI 设计等方面有较好的表现。

3.1.4　测试工具

软件的测试主要分为功能测试、性能测试、安全测试、接口测试、兼容性测试、可靠性测试和易用性测试。在测试过程中，利用人工与工具相结合的方式保证软件的质量。下面介绍三种常用的测试工具。

- LoadRunner：性能测试工具，预测系统行为和性能的负载测试工具。通过模拟上千万用户实施并发负载，监测实时性能，确认和查找问题。
- AppScan：安全测试工具，专门为安全专家和测试人员设计的动态应用程序安全测试工具，可以自动爬取目标应用程序并测试漏洞，测试出的漏洞会按照优先级进行展示，并自动为用户们提供明确、可行的修复建议。
- Fiddler：常用的安全测试工具，是一个 HTTP 协议调试代理工具，能记录并检查电脑和互联网之间的所有 HTTP 通信、设置断点、查看所有进出 Fiddler 的数据。
- Postman：接口测试工具，验证响应中的结果数据是否和预期值相匹配，并确保开发人员能及时处理接口中的错误。

3.1.5 其他工具

1. 版本管理工具

SVN 是一个开源的版本控制系统，是 subversion 的缩写，通过采用分支管理系统进行高效管理。简而言之，SVN 是指多个人共同开发项目、实现共享资源、实现最终集中式的管理。

Git 是一个开源的分布式版本控制系统，可以有效、高速地进行项目版本管理。最初，Git 是由 Linux 的开发者为管理 Linux 内核开发而创作的版本控制工具，支持离线工作，速度快、灵活，适合分布式开发。任意两个开发人员之间可以很容易地解决开发冲突，公共服务器的压力和数据量也不会太大。

2. 软件项目研发管理工具

JIRA 是 Atlassian 公司出品的项目与事务跟踪工具，被广泛应用于缺陷跟踪、客户服务、需求收集、流程审批、任务跟踪、项目跟踪和敏捷管理等领域。

Redmine 是用 Ruby 开发的、基于 Web 的项目管理软件，通过项目的形式把成员、任务（问题）、文档、讨论以及各种形式的资源组织在一起，开发人员通过更新任务、文档等内容，推动项目进度，同时软件根据时间线索和动态报表，为成员自动汇报项目进度。

3.2 软件的运行

软件在计算机上运行时，所需要的物理硬件主要包括硬盘、内存和 CPU，其中，CPU 由运算器、寄存器和缓存组成。程序存储在硬盘中，运行时被调入到内存中。也就是说，内存中的数据是从硬盘中获取的，CPU 中寄存器的数据是从内存中装载进来的，CPU 会根据相应的指令操控寄存器中的数据，从而完成程序在计算机中的运行。

软件运行所需要的支撑工具主要是操作系统，部分企业经营管理软件还需要数据库、中间件等进行支撑。软件运行一般包括如下步骤。

步骤 ❶ 源代码在编译器的帮助下变为可执行文件。

步骤 ❷ 电脑通过操作系统识别可执行文件。

步骤 ❸ CPU进行运算和逻辑判断，并执行代码指令。

下面介绍运行软件时所需要的工具，包括操作系统、数据库、中间件、相关硬件。

3.2.1　操作系统

操作系统是指管理计算机硬件与软件资源的计算机程序。操作系统需要管理与配置内存、决定系统资源供需的优先次序、控制输入设备与输出设备、操作网络与管理文件系统。同时，操作系统提供用户与系统交互的操作界面。

在计算机中，操作系统是最基本、最重要的基础性系统软件。从计算机用户的角度来说，操作系统为用户提供的各项服务；从开发人员的角度来说，操作系统主要是指用户登录的界面或接口；从设计人员的角度来说，操作系统是指各种各样的模块和单元之间的联系。经过几十年的发展，操作系统已经由一开始的简单控制循环体，发展为复杂的分布式操作系统，再加上计算机用户需求的多样化，操作系统已经成为复杂、庞大的计算机软件系统之一。

从 1946 年第一台电子计算机诞生以来，操作系统的进化都以减少成本、缩小体积、降低功耗、增大容量和提高性能为目。随着计算机硬件的发展，操作系统也在不断完善与发展。

常见的操作系统有如下几种。

● 移动端操作系统：iOS、Android、鸿蒙系统。

● PC 端操作系统：Microsoft Windows、macOS、Google Chrome OS。

● 服务器端操作系统：Unix、Linux、Windows Server。

● 国产化操作系统：中标麒麟。

3.2.2 数据库

数据库是按照数据结构组织、存储和管理数据的仓库，是一个长期存储在计算机内的、有组织的、可共享的、统一管理的大量数据的集合。

数据库先后经历了层次数据库、网状数据库、关系型数据库等各阶段的发展，特别是关系型数据库，已成为目前数据库产品中最重要的一员。由于传统的关系型数据库可以较好地解决管理和存储关系型数据，因此自 20 世纪 80 年代以来，几乎所有数据库厂商推出的数据库产品都支持关系型数据库，即使是一些非关系型数据库产品，也有支持关系型数据库的接口。随着云计算的发展和大数据时代的到来，关系型数据库越来越无法满足需要，越来越多的半结构化和非结构化数据需要用数据库进行存储和管理。与此同时，分布式技术等新技术的出现也对数据库技术提出了新要求，于是开始出现越来越多的非关系型数据库。非关系型数据库与传统的关系型数据库有很大的不同：非关系型数据库更强调数据的高并发读写和存储大数据。

小资料：了解数据库的分类

1. 关系型数据库

关系型数据库的数据存储格式可以直观地反映实体间的关系。关系型数据库和常见的表格比较相似，表与表之间的关系也较为复杂。常见的关系型数据库包括 MySQL、Sql Server 等。在构建大型应用时，需要根据业务需求和性能需求，选择合适的关系型数据库。

2. 非关系型数据库

非关系型数据库是指分布式的、非关系型的、不保证遵循 ACID 原则的数据存储系统。随着近几年技术方向的不断拓展，大量的非关系型数据（如 MongoDB、Redis、Memcache）出于简化数据库结构、避免冗余、摒弃复杂分布式的目的被设计。

非关系型数据库适合追求速度和可扩展性、业务多变的应用场景，更合适处理非结构化数据，如文章、评论，这些数据如果进行全文搜索，则通常只用于模糊处理，并不需要像结构化数据一样进行精确查询，而且这类数据的规模往往是海量的，数据规模的增长往往也是不可能预测的。非关系型数据库的扩展能力几乎是无限的，所以非关系型数据库可以很好地满足这一类数据的存储的查询需求。

3.2.3　中间件

在众多关于中间件的定义中，普遍被接受的是国际数据公司（International Data Corporation，IDC）的表述：中间件是一种独立的系统软件或服务程序。分布式应用软件借助中间件在不同的技术之间实现资源共享，中间件位于服务器的操作系统之上，管理计算资源和网络通信。

中间件在操作系统之上、应用软件之下，为处于自己上层的应用软件提供运行环境与开发环境，帮助开发人员灵活、高效地开发和集成复杂的应用软件。中间件的基本功能如下。

1. 通信支持

通信支持是中间件最基本的功能之一，中间件为其所支持的应用提供平台化的运行环境，该环境忽略底层通信接口之间的差异，实现互操作。早期，应用软件与分布式中间件的通信方式主要为远程调用和消息两种方式。远程调用通过网络进行通信，从而忽略不同的操作系统和网络协议，提供基于过程的服务访问，为上层系统提供非常简单的编程接口或过程调用模型；消息提供异步交互机制。

2. 应用支持

中间件提供应用层不同服务之间的互操作机制，为上层应用软件的开发提供统一的平台和运行环境，封装不同的操作系统，向应用软件提供统一的标准接口，使应用的开发和运行与操作系统无关，实现应用的独立性。中间件松耦合的结构、标准的封装服务和接口、有效的互操作机制，为应用软件的结构化和开发提供了有力支持。

3. 公共服务

公共服务是指对应用软件中共性的功能或约束的提取，将这些功能或约束分类实现，作为公共服务提供给应用软件使用。通过提供标准、统一的公共服务和约束，可减少上层应用软件的开发工作量，缩短应用软件的开发时间，有助于提高应用软件的质量。

3.2.4 相关硬件

软件的运行离不开硬件环境的支持，常见的硬件环境有如下几种。

1. 服务器

服务器是计算机的一种，它比普通的计算机运行速度更快、负载更高、价格更贵。服务器在网络中为其他客户机（如 PC 机、智能手机、ATM 机等终端设备）提供计算或应用服务。服务器具有强大的 CPU 运算能力、长时间的可靠运行、强大的外部数据吞吐能力以及更好的扩展性。通常，服务器具备响应服务请求、承担服务、保障服务的能力。

服务器作为电子设备，内部结构非常复杂，但与普通的计算机内部结构相差不大，也由 CPU、硬盘、内存、系统、系统总线等组成。

2. 客户端

客户端是指使用者的软件交互设备，通常是指台式机、笔记本电脑、工作站、智能手机、ATM 机、机器人等各种终端设备。

3. 存储

存储用于存储软件运行过程中产生的各种数据。部分软件的数据量非常大，如果不加以重视，则很容易造成无法预见的问题。

4. 网络

网络用于连接服务器与客户端。近些年，随着虚拟化技术的不断发展，更多实体服务器通过虚拟化技术，被虚拟为多台逻辑计算机。虚拟化技术的对象还包括服务器、互联网以及存档空间。自从虚拟化这个概念提出以来，服务器虚拟也变得流行起来，云服务器（Elastic Compute Service，ECS）应运而生。云服务器是一种简单高效、安全可靠的计算服务，管理方式比物理服务器更简单。用户无须提前购买硬件，即可迅速创建或释放多台云服务器。

3.3　软件的维护

为保证软件服务的稳定性和可扩展性，软件在上线后，企业服务器和交换机的数量会越来越多，日常管理也会变得越来越困难。如果每天通过人工频繁地更新、部署、管理这些服务器和交换机，则会浪费大量时间，人为操作也可能造成错误。因此软件运维工具应运而生。常见的软件维护工具有 Zabbix、Nagios 等。

1. Zabbix

Zabbix 是一个基于 Web 界面的企业级开源工具，提供分布式系统监视和网络监视功能，能监视各种网络参数，保证服务器系统的安全运营，并提供灵活的通知机制，使系统管理员快速定位并解决存在的问题。Zabbix 由两部分构成：Zabbix server 和组件 Zabbix agent。Zabbix server 可通过 SNMP、ping、端口监视等方法监视远程服务器和网络状态，并收集监视数据。Zabbix 可运行在 Linux、

Solaris、HP-UX、AIX、FreeBSD、openBSD、mac OS 等平台上。

Zabbix 的安装与配置简单，学习成本低，支持包括中文在内的多种语言，开源免费，能自动发现服务器与网络设备，支持分布式监视，支持 Web 集中管理功能和用户安全认证，可通过 Web 界面设置或查看监视结果，支持邮件通知等功能。

2. Nagios

Nagios 是一款用于监控 IT 基础架构和查看当前状态、历史日志和基本报告的开源软件工具。Nagios 的用户可以监控系统指标、网络协议、应用程序、服务器、网络基础架构，并支持故障警报。

Nagios 提供三种类型的网络管理工具：Nagios XL、Nagios 日志服务器和 Nagios 网络分析器，其中，Nagios XL 最适合进行网络监控。

 注意

若采用低（无）代码平台开发的应用软件，则软件的维护可能直接由平台商负责，而不由开发人员进行维护。

第 4 章

软件工程

4.1 软件工程的起源和内容

在软件工程这一概念出现之前，软件的生产以"作坊式开发"为主，没有整体的开发计划和系统的管理方法，软件很难在预期时间交付，开发成本较高。

不管是用传统的编程语言进行开发，还是用低（无）代码平台进行开发，软件工程都是重要的理念，开发和运维的过程都需要用软件工程的思想进行支撑。

4.1.1 为什么会产生软件工程

软件开发是一项难度较高、风险较大的活动。在 20 世纪 70 年代和 80 年代，软件的开发时间远远超出规定时间。一些项目导致了财产的流失，甚至某些软件导致了人员伤亡。在软件开发与维护的过程中，会出现如下问题。

（1）软件开发的时间和成本超出预期

对软件的开发成本和进度进行估算的依据，主要来源于历史数据和经验，在软件的实际开发过程中，往往会与预期存在较大的差距，从而导致软件开发的时间和成本超出预期。

（2）软件的功能不符合用户的需求

用户通常不能明确地知道需要什么样的软件。开发人员对用户需求的理解也会存在一定的偏差，导致开发出的软件难以真正满足用户的需求。

（3）软件质量难以保证

没有统一、可靠的软件质量评价体系，会导致软件的质量参差不齐。软件在实际的运行过程中可能会出现大量问题。

（4）项目无法管理、代码难以维护

开发人员有自己独特的编程风格，没有统一的编程规范和开发文档作为参考，会导致软件在后期很难进行维护。同时，软件的功能往往在设计阶段就已经基本确定，后期修改或增加功能，可能会引入新的错误。上述情况都会使软件的维护成本变高。

因为软件开发的高失败率，所以出现了软件危机这一说法。1968 年，北大西洋公约组织（NATO）在德国召开的国际学术会议上，首次提出软件危机一词。软件危机是指落后的软件生产方式无法满足迅速增长的软件需求，从而导致软件开发与维护的过程中出现一系列严重的问题，这些问题严重阻碍了软件的质量和生产率，大大制约着软件产业的发展。

1972 年，艾兹赫尔·戴克斯特拉在计算机协会图灵奖的演讲中提到，出现软件危机的主要原因在于机器变得越来越强大。在没有机器的时候，根本就没有编程问题。当出现了计算机，编程开始变成问题；而现在有了能力"巨大"的计算机，编程就成为一个同样"巨大"的问题。软件危机正是因为计算机所能支持的计算能力，以及人们对软件的预期，已经远远超出开发人员利用编程手段解决现实问题的能力。

软件危机使人们认识到，大型软件与小型软件有着本质差异：大型软件开发周期长、费用昂贵、质量难以保证、生产率低，开发大型软件的复杂程度已远超出人脑能直接控制的程度，不能使用"作坊式开发"的方式开发大型软件，就像不能使用制造小木船的方法生产航空母舰一样。

4.1.2 软件工程的主要内容

为了解决软件危机带来的问题，北大西洋公约组织分别在 1968 年和 1969 年召开了两次会议，提出以软件工程定义软件开发所需的方法，并表达"软件开发应该是类似工程的活动"，将工程化的思想应用于软件系统的构造活动中，从而减少软件的开发成本，提高软件的质量和生产率。无论是使用传统的编程语言开发软件，还是用低（无）代码进行开发，在开发复杂的软件时，都应使用软件工程的方法论。海比研究院建议，哪怕是用低（无）代码开发一个简单的应用，也要遵循和采用软件工程的原则与方法。

软件工程是研究如何以系统性的、规范化的、可定量的过程化方法去开发和维护软件的学科，涉及程序设计语言、数据库、软件开发工具、系统平台、标准、设计模式等内容。有关软件工程的技术、思想、方法和概念不断被提出，软件工程逐步发展为一门独立的学科。

软件工程包括过程、方法和工具三个要素。过程是为了获得高质量的软件所要完成的一系列任务的框架，规定了完成各项任务的工作步骤。方法是指软件开发提供了"如何做"的技术，是指导软件开发的标准规范。工具为软件工程的方法提供自动或半自动的软件支持环境，即软件生命周期过程中所使用的系统。

软件工程可细分为软件开发技术和软件项目管理，前者包含软件开发方法学、软件工具和软件工程环境，后者包含软件度量、项目估算、进度控制、人员组织、配置管理等内容。

4.2　软件工程发展面临的挑战

当前，软件工程的发展重点主要集中在软件构建技术、信息自动化技术和安全稳定技术等方面，并取得了一定的成果。然而，随着人们对软件质量的要求不断提高，软件工程仍面临一些困难和挑战。

4.2.1　外部环境的变化

我国的软件行业维持稳定增长，从业人员的数量逐年上升。为持续输出高素质应用型人才，学校推动高校政企"产、学、研、用"育人模式，并取得一定效果。即便如此，自 2014 年起，软件从业人员的增速呈缓慢下降趋势，2020 年，软件从业人员的增速仅为 3.3%，企业用人难、用人贵的问题仍未解决。未来随着企业信息化系统的不断创建、二次开发和运维需求的不断扩大，人才供需矛盾或进一步扩大。2013—2020 年中国软件业从业人员数量如图 4.1 所示。

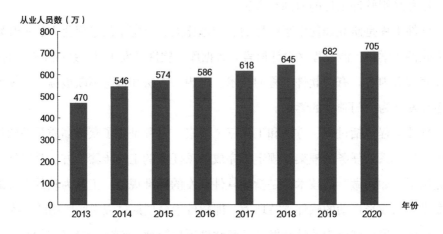

图 4.1　2013—2020 年中国软件业从业人员数量

2013—2020 年中国软件业从业人员增速情况如图 4.2 所示。

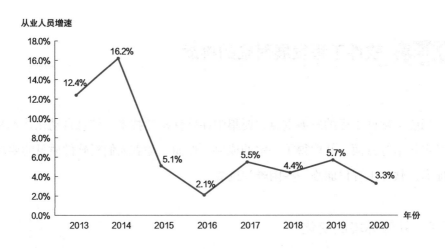

图 4.2　2013—2020 年中国软件业从业人员增速情况

4.2.2 软件需求不断变化

随着人们对软件需求量的不断增加，软件的规模和复杂度也不断增大。目前，软件需求有如下变化。

1. 软件需求存在急迫性

信息系统的建设速度需要越来越快，需求越来越紧急。智慧城市的系统往往涉及 GIS、可视化、BI 分析等复杂的技术，这种项目通常都要数月的调研和架构设计，才能进入开发阶段。

2. 软件需求存在模糊性

传统的瀑布式软件开发的前提是基于确定的需求。当前的时代是 VUCA 时代，即 volatility（易变性）、uncertainty（不确定性）、complexity（复杂性）、ambiguity（模糊性），采用传统的瀑布式软件开发将非常困难。尤其当前各行各业均处于高速的业务变革时期，如何应对不断变化的需求是当下必须解决的问题。

3. 软件需求存在易变性

在软件的开发过程中，软件需求会频繁地发生变更。需求的变更往往会导致部分已完成的工作失效，还可能对其他相关的工作产生直接或间接影响。在软件开发的初期，用户通常不能明确地知道他们需要什么样的软件，即便知道，也很少有人能准确、清楚地表述出具体需求。随着项目开发的不断深入，很多细节会逐渐明确，与此同时，用户也可能会增加新的需求，包括功能性需求和非功能性需求。因此，需求变更是难以避免的。

在众多的风险因素中，需求的易变性是出现最频繁、对软件开发影响最大的风险之一。需求的易变性往往会造成软件开发项目延期、成本超出预期、产品质量不达标，甚至能导致整个项目终止。

4.2.3 软件工程的发展

从初次提出软件工程的概念到现在，软件工程历经了几个重要的发展阶段，包括早期的软件工程、面向过程的软件工程、面向对象的软件工程、基于构件的软件工程、面向微服务的软件工程和智能化软件工程等。

1. 早期的软件工程

在软件工程被提出之前以及提出后的早期阶段，软件生产仍以"作坊式开发"为主，没有完整的开发计划和系统的管理方法，软件在后期难以维护，软件开发的失败率较高。随着工程化思想在软件开发领域不断深入，软件工程这一概念逐渐被业界所接受，软件开发逐步走上工程化的道路。

2. 面向过程的软件工程

20 世纪 70 年代，Yourdon 等人提出了面向过程的结构化开发方法。结构化开发方法是十分传统的软件开发方法。早期的软件工程都采用结构化开发方法。结构化开发方法引入了工程化和结构化的思想，大大提高了大型软件开发的效率，降低了软件的错误率。但这种开发方法缺少灵活性，需要在一开始就确定软件的所有需求，不利于软件的功能变更与后期维护。

3. 面向对象的软件工程

20 世纪 60 年代末期，Simula 67 语言首次提出类和对象的概念。后来 Smalltalk 语言的出现为面向对象的软件工程奠定了基础，但面向对象的开发方法一直没有获得太多关注。直到 20 世纪 90 年代，随着 C++ 语言、Java 语言等面向对象语言的流行，面向对象的软件工程得到迅速推广和发展。面向对象的软件工程是继结构化方法之后的又一次技术革命，在软件工程发展史上是重要的里程碑，能灵活应对在大型软件项目中需求的易变性，显著提升系统的扩展性。

对象管理组织 OMG 在 1997 年推出基于面向对象技术的统一建模语言

UML，以及基于 UML 的面向对象开发方法，使面向对象开发方法迅速成为软件开发的主流方法。

4. 基于构件的软件工程

长期以来，几乎所有软件的开发都经历了需求分析、设计、编码、测试等环节。但对于一些功能相同或相似的软件，这样的开发方法会出现大量的重复性工作，从而导致人力、物力的浪费。因此，自 20 世纪 90 年代以来，基于构件的软件开发方法开始发展，这种开发方法使用软件的复用技术，将可复用的构件应用到软件开发中，从而缩短软件的开发周期，提升了软件的开发效率，降低了软件的开发成本。

5. 面向微服务的软件工程

随着客户需求的不断增加，软件系统的规模也逐渐扩大，传统的单体软件架构已难以满足软件系统不断扩展的需求。为解决这一问题，20 世纪 90 年代中期，出现了面向服务架构（SOA）的概念。SOA 以服务为基本单元，组建软件系统，主要用于快速构建、集成应用。服务化的系统可以在短时间内自动重新组装或配置，从而使系统更好地满足客户不断变化的需求。

随着面向服务架构的软件开发方法不断发展，软件工程领域在 2014 年又进一步提出微服务架构的概念。微服务架构可以直观地理解为细粒度的 SOA。微服务架构作为近年来软件工程领域的前沿和热点技术，已在业界得到广泛应用。

6. 智能化软件工程

随着人工智能的发展，智能化技术已经广泛应用于各个领域，软件工程领域也不例外。智能化软件工程的研究目标是通过人工智能技术，使软件工程中的解决方案更加智能化，以提高软件质量和生产效率。

为了实现这一目标，学术界和工业界正在研究和应用一系列智能化开发方法和技术，以提升软件开发过程的智能化水平。目前，人机交互智能化、数据驱动学习和软件工程知识库是主要的研究方向。

4.2.4 软件的质量

软件的质量关系着软件的使用寿命。软件的质量需要符合如下标准。

- 软件符合开发人员的目标，能可靠运行。
- 软件需求是由用户产生的，软件能满足用户的需求，解决用户的实际问题。
- 软件能满足用户的隐形需求，如界面更美观、用户操作更简单等，这将大大提升用户的满意度。

除此之外，对于开发人员来说，易于维护和升级也是高质量软件的重要标志。在软件的开发过程中，采用统一的编码规范、清晰合理的代码注释、需求分析和软件设计文档，对软件的后期维护和升级有很大帮助。

然而，全面客观地评价一个软件的质量并不容易，软件的质量无法通过直观的观察或简单的测量得出。下面的因素可作为评价软件质量的重要指标。

1. 功能性

功能性是指系统在特定环境下，能正确地完成既定功能的程度。

2. 可靠性

可靠性是指软件在规定的时间和条件下，保持软件性能水平的程度。可靠性是衡量软件质量的重要标准。软件的可靠性不仅反映了软件能持续满足用户需求的程度，还反映了软件在发生故障时能继续运行的程度。

3. 性能

性能通常是指软件利用时间和空间的效率，而不仅仅是指软件的运行速度。人们希望软件既能快速运行，又占用较少的资源。开发人员可通过优化数据结构和算法的方式提升软件的性能。有些开发人员认为，随着计算机运行速度的提高和内存的增加，不需要进行性能优化，但这种想法是不正确的。因为随着用户需求的增加，软件系统变得越来越复杂，因此性能优化仍然十分重要。

4. 易用性

易用性是指用户在学习、操作、输入和输出时所需的努力程度，反映了软件对用户的友好程度，即用户使用软件时是否方便。软件的易用性需要用户进行评价。当用户认为软件很好用时，常常用界面友好、方便易用等词评价软件。

5. 清晰性

清晰性意味着所有的工作成果易于解读、易于理解，这样可以提高开发团队的开发效率，降低维护成本。易于理解的内容通常是简洁的，高水平的开发人员能将软件系统设计得简洁明了。

6. 安全性

安全性是指系统防止非法入侵的能力。信息安全是一门相对复杂的学科，如果黑客非法入侵系统付出的代价（如时间、费用、风险）高于从中获取的好处，则这样的系统可以被认为是安全的。

7. 可维护性

可维护性是指在用户需求发生改变或软件环境发生变化时，对软件系统进行修改的容易程度。一个易于维护的软件系统也是一个易于理解、测试、修改的软件系统。

8. 可扩展性

可扩展性反映了软件适应变化的能力。在软件开发的过程中，变化包括需求的变化、设计的变化、算法的改进等。软件通常采用增量开发模式不断推出新版本，从而获取增值利润。

9. 健壮性

健壮性是指在异常情况下，软件能正常运行的能力。开发人员往往会把异常情况当成正常情况，不对异常情况进行处理，这会降低软件的健壮性。只要软件出现问题，用户就认为是开发人员的错误。

10. 可移植性

可移植性是指计算机系统或环境转移到另一个计算机系统或环境的容易程度。编程语言越低级，使用该语言编写的程序越难移植。在软件的设计过程中，应将"软件相关的程序"与"软件无关的程序"进行区分，将功能模块与用户界面进行分离，这样可提高软件的可移植性。

4.2.5　软件生命周期模型

软件生命周期是指从产生软件的概念开始，到停止使用软件的整个生命历程。在此过程中，须对软件进行需求分析、软件设计、软件实现、软件测试和运行维护等一系列工作，确保软件的正确性和可靠性。

常见的软件生命周期模型包括瀑布模型、迭代模型和快速原型模型。

瀑布模型是最早被提出的软件生命周期模型之一，该模型由于酷似瀑布而闻名，主要特点是按照一定的顺序完成各阶段的任务。每个阶段都必须完成文档的编写，当文档的质量得到认可后，才能进入下一个阶段。瀑布模型的优点是各阶段的任务明确、文档齐全，能规范开发流程，但缺点也显而易见的：软件开发的全过程都是以文档驱动的，开发门槛较高。

迭代模型对瀑布模型进行了改进。在迭代模型中，整个软件生命周期被分为多个短期的迭代周期，每个周期都包括需求分析、软件设计、软件实现、软件测试、运行维护等多个环节。每个迭代周期的最终目标是产生一个可执行的产品版本，方便用户及时反馈，可以适时地根据反馈结果进行迭代和改进，提高软件的质量。

在瀑布模型中，在进入下一个阶段之前，必须全部完成前一个阶段的工作，因此风险可能被推迟到后期，这可能会导致项目的进度延误、成本增加或项目失败。在迭代模型中，开发人员在每个迭代周期中都会进行一系列的开发工作，这些工作被组合成可独立工作的产品。这意味着在每个迭代周期结束时，开发团队必须对成果进行评估和测试，确保它们能正常工作，并决定是否需要进一步优化或调整。每个迭代周期的成果都需要经过验收，因此可以在早期阶段发现问题，并及时解决问题。使用迭代模型的软件可以更早地暴露风险，及时解决问题，避免风险对项目产生影响。瀑布模型和迭代模型的时间 – 风险曲线图如图 4.3 所示。

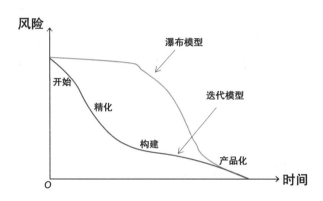

图 4.3　瀑布模型和迭代模型的时间 – 风险曲线图

快速原型模型在功能上是产品的一个子集。相较于瀑布模型，快速原型模型解决了软件开发过程不够直观的问题。一般情况下，开发团队需要在很短时间内解决用户最迫切的需求，并完成一个可演示的产品，这个产品的开发速度很快，通常在设计时，无法全面考虑各种细节。完成原型后，该产品通常会被抛弃。

软件生命周期模型的发展，实际上体现了软件工程理论的发展。最初，软件开发处于无序、混乱的状态。为了能控制软件开发的全过程，一些人将软件开发分为多个不同的阶段，并进行审核，这就是瀑布模型的产生。瀑布模型代表人们对软件开发过程的一种期望：控制流程、确保质量。然而，现实往往是残酷的，瀑布模型无法满足这种高要求，因为软件开发的过程往往难以预测。相反，瀑布模型可能产生负面影响，如大量的文档和繁琐的审批流程。因此，人们开始尝试其他方法，推动软件生命周期模型的发展。

4.3 软件工程亟须演进

随着数字化的不断发展，客户需求和底层技术正在发生翻天覆地的变化。传统的软件工程无法快速响应由于产业环境变化导致的企业业务需求的变化。同时，随着我国软件行业的飞速发展，信息技术人才供不应求，人才稀缺和流失率高等问题成为限制企业发展的重要因素。传统的下游企业信息化建设效果不佳，对建设需求缺乏清晰的认识，会进一步影响 IT 服务提供商和软件公司，导致难以实现降低成本、提升效率、提高质量的目标。为了适应新的要求，软件工程亟须演进。

4.3.1 软件工程需解决的核心问题

软件企业和终端用户都希望通过数字化工具改善服务和运营方式，保证自身的创造能力和业务灵活性，以满足市场发展的要求。然而，软件企业在软件交付过程中面临诸多问题。

一方面，定制项目存在价格不可控、利润低等问题。客户需求经常出现变动，导致软件企业在定制软件时，无法很好地控制成本，有些项目甚至无法盈利。另一方面，软件企业的研发资源常常无法聚焦于新技术和业务场景的深度融合，而是将工作重点集中在提升产品代码质量等方面，难以与竞争企业拉开差距。

数字化时代下，软件工程的快速发展和日益增长的用户需求使软件企业面临更多的挑战，如何提高研发效率和质量成为了软件公司持续发展的首要任务。软件工程可以通过对过程、方法和工具三个要素进行优化，解决在软件交付过程中出现的各种问题。过程提供了高质量软件的开发流程，规定了各项任务的工作步骤。方法提供了更加标准、可靠、可重复的软件开发规范。工具为软件工程方法提供了支持，使软件开发过程更高效、精准、可靠。

因此，在数字化时代下，软件企业应该依照软件工程的现代化开发流程，使用先进的工具和方法，不断提高软件的研发效率，对过程进行重组、对方法进行优化、对工具进行变革。

4.3.2　过程重组

软件工程中的过程是指完成软件生产的一系列互相关联的活动，也就是上文提到的软件生命周期。过程将软件工程的方法和工具结合起来，从而实现软件的开发。过程定义了方法使用的顺序、要求提供的文档资料、保证软件质量所需的管理，同时还规定了软件开发各个阶段的里程碑。

传统的软件开发过程是线性的，通常需要经过需求调研、设计、编码、测试、交付等步骤。然而，低（无）代码正在逐渐改变这种现状，使软件开发更加灵活、快速、低成本，同时也降低了客户在软件开发过程中可能承担的风险。

在低（无）代码开发过程中，软件开发商和客户之间的沟通是至关重要的。为了确保开发过程顺利并满足客户的需求，软件开发商需要进行结构化的需求引导，并用历史经验拆解整个功能决策流程用例，基于数据进行场景化推荐的方式，从而实现更精准的调研结果。

在软件设计阶段，可以利用人工智能技术自动生成交互原型，而不必依赖伪代码。业务人员可利用低（无）代码平台表达业务需求。此外，数据、分析和管理也可以通过低（无）代码平台进行简化。最终交付给客户的产品应是一个灵活可变的产品，而不是不可变更的产品。客户可以一边试用一边修改，随着业务的变化，软件可随时进行变更。这种方法还可以使客户参与软件的设计和开发，从而使软件更满足客户的实际需求。

4.3.3　方法优化

方法为软件开发提供了"如何做"的技术，包括项目计划与估算、软件系统需求分析、数据结构设计、系统总体结构设计、算法过程设计、编码、测试、维护等多方面的任务。

从传统的软件方法到面向对象的方法，再到面向数据的方法，这些方法的不断优化使数据驱动、数用一体成为可能，实现了直接对接业务需求而无须生产代码的目的。这种方法不需要对业务逻辑进行过多抽象，而是使软件自动适应业务需求，降低中间成本和技术门槛。

4.3.4　工具变革

工具为方法提供了自动或半自动的软件支持环境。在数字化转型的背景下，企业需要进行不断的业务创新，从而响应客户需求，提升竞争优势。传统的开发方式和交付模式已经不能满足企业快速创新的需求，因此需要新的工具提高效率。

工具应具备数据驱动和服务智能等特性。目前，低（无）代码平台仅实现了形式上的抽象，因此，在局部范围内（如 UI 设计、流程管理、分析可视化）确实提高了效率，但由于标准建设的缺失和开发语言的多元化，导致出现新的数据孤岛。低（无）代码平台需要进一步抽象。数据是软件开发的基础，只有通过实现数据层面的抽象，低（无）代码平台才能具有真正意义上的普适性和通用性，从而引发软件开发行业的变革，而不仅仅在局部范围内提高效率。低（无）代码应该深入数据层，实现数据调用、转换等方面的无码化，提升企业级平台的能力，从而真正实现数用一体，赋能企业的业务创新。

4.4　软件开发的展望

未来，软件开发不仅是简单的研发过程，更是一种工业化、公民化、智能化的生产方式。尤其在企业数字化转型的过程中，低（无）代码是必备的工具之一。低（无）代码可减少、弱化或重构软件工程的过程，重新定义过程，使生产、管理门槛变低。

4.4.1　工业化

软件开发工业化是未来的趋势。当企业为了发展需要购买一款软件时，一般都会有个性化定制的要求。软件工业化时代已经来临。

未来，工业化软件开发将像搭积木一样，只要设计出标准的模块，不同的产品就可以根据标准的模块进行组装。这种工业化模式将颠覆传统的开发模式，更容易控制开发成本、管理开发组件、缩短开发周期，使开发人员更专注于完成重要的功能，保证高质量开发。同时，这种开发模式也会带来更多优点：更高的生产效率、更少的缺陷、更简单的维护和更强的扩展能力。

4.4.2　公民化

公民开发人员是指利用低（无）代码平台构建业务应用程序的员工，这些应用程序可以优化业务流程并改善业务运作方式。低（无）代码平台可使自动化和优化业务的流程变得更加容易，没有任何编程背景的人都可快速构建和部署应用程序。这意味着公民化开发的兴起可以帮助企业在生产力、开发速度和业务流程自动化方面取得巨大优势。

采用经济高效的应用程序开发方法变得越来越重要，公民开发人员的崛起是不可避免的。接受这种变化并促进公民开发人员的成长可以加快数字化转型的进程，推动组织的发展。

4.4.3　智能化

目前，人工智能技术快速普及，已经应用到各种领域，软件工程是其中一个重要的应用领域。在软件工程领域，人工智能技术已经成为非常热门的研究方向。当前，越来越多的软件开发公司已经开始采用人工智能技术提高软件开发的效率，并且已经在实际应用中取得了显著的成果。

针对软件开发过程中的各个阶段，研究人员采用机器学习和知识图谱等技术，开发智能化的软件工程方法与技术，实现软件开发的自动化和智能化。例如，在需求分析阶段，智能化的需求文档自动生成技术可以根据用户输入的业务描述信息，自动生成完整、清晰的需求文档。采用智能化的需求文档自动生成技术，不仅能节省大量的时间和成本，还可以显著提高需求文档的质量，减少因为人工错误或漏洞而导致的软件错误。

此外，目前涌现出一系列智能化开发的方法与技术，如程序自动生成技术、代码补全技术、软件 API 推荐技术、程序自动修复技术、智能化测试与运维技术等。

这些技术不仅有助于自动化开发的顺利进行，还可以减少人为错误，帮助开发人员更快地完成项目并提升软件质量。

随着人工智能技术的普及，人们期望进一步提高测试的智能化水平。智能测试的终极目标是使软件测试的过程脱离人工干预，实现真正意义上的测试智能化。智能测试利用人工智能、机器学习、数据挖掘等智能化技术，从历史数据中提取软件相关的信息，并以此为基础，优化软件的测试过程，从而提升测试的效率和智能化水平。

未来，人工智能在测试领域将出现更多积极的变化。随着人机交互方式的智能化技术的出现，测试工具将能像人一样思考，并对测试场景进行判断和处理，从而提高测试的智能化水平。测试工具还能理解自然语言描述的测试需求，并自动生成相应的测试用例，实现测试过程的自动化，提升测试的效率和准确性。因此，未来的低（无）代码可通过智能化测试，更好地满足用户需求，提高软件的质量和可靠性。

第二部分

使用低（无）代码进行开发

第 5 章　低（无）代码的起源和介绍　　　054

第 6 章　低（无）代码开发的主要流程　　　061

第 7 章　企业应用开发的关键：构建业务模型　　　088

第 8 章　运营与运维　　　117

第 9 章　清华数为低代码开发工具案例　　　128

第 10 章　低（无）代码的发展趋势　　　154

低（无）代码的起源和介绍

5.1 低（无）代码的发展历程

低（无）代码起源于 20 世纪 80 年代，当时计算机科学理论已逐步发展成熟，不少高级程序开发语言都逐渐开发完善。此时编程界推出了"结构化语言"，即以功能指令为单位，封装相应的代码。当开发人员要系统运行某个功能时，只需要发出指令，计算机就知道要运行对应的代码。

低（无）代码这一概念可以追溯到第四代编程语言。1980 年，IBM 的快速应用程序开发工具（RAD）被冠以新的名称——低（无）代码，由此，低（无）代码的概念首次面向大众。

1990 年，使用 Visual Basic、Delphi 和 Oracle Forms 等可视化编程工具"组装"桌面应用程序的概念开始流行，快速应用程序开发有良好的发展势头。

2000 年，可视化编程语言（VPL）出现，在第四代编程语言的基础上，把系统运行的过程以视觉化的方式呈现出来，如使用图标、表格、图表等。

2001 年，为了减少业务和开发之间的距离，对象管理组织（Object Management Group，OMG）推出了模型驱动架构（MDA）。作为一种软件设计方法，MDA 提供了一组指导方针，用于将规范构建表示为模型，该模型支持域的整体视图，综合考虑技术和业务需求，将需求转换为可执行代码。在开发和运行时使用生成器和解释器生成或解释模型中的代码。

随着 2007 年发布的 iPhone iOS 进入移动设备市场，以及一年后谷歌的

Android 问世，各种移动平台应运而生。开发人员积极使用 Android Studio 和 Xcode 等可视化编辑器在本地开发移动应用。

然而，响应式网页设计和增强型 Web 应用（Progressive Web App，PWA）等技术已经威胁到移动应用，因为移动应用能为小型设备提供用户体验良好的网页应用，并且不需要依赖特定的移动开发平台。作为独立研究咨询公司 Forrester 敏锐地发现了这一问题，并在 2014 年进一步提出低代码和无代码的概念：只需用很少的代码，甚至不需要代码，就可以快速开发出系统，并可以快速配置和部署系统的一种技术和工具。

2018 年，国际知名研究机构 Gartner 提出 aPaaS（应用平台即服务）和 iPaaS（集成平台即服务）的概念，aPaaS 提供了应用程序整个生命周期所需的一切：从开始的规划，到开发、验收和运维。提出这两个概念是为了将尽可能多的概念整合到一个平台上，从而使编写代码变得不必要，或显著减少代码的编写量。

为了支持开发环境的拖曳操作，必须有 PaaS 的支持。通常使用公有云服务提供的 PaaS，也可使用企业内部的服务，如基于 OpenShift 的容器平台。

国外软件厂商陆续发布低（无）代码平台，探索并证明了这类产品成功的可能性。后来，中国市场也掀起了低（无）代码的热潮，并在近两年逐步形成完整的产品生态体系。

目前，低（无）代码平台经历了如下两个发展阶段。

1980—2015 年，虽然低（无）代码平台市场的发展比较迟缓，表现亮眼的平台较少，但低（无）代码领域的领先产品，如 OutSystems、Zoho Creator、Mendix 等均诞生于这一时期，这些产品为低（无）代码今后的发展打下了基础。

从 2015 年至今，低（无）代码平台市场开始升温。2015 年，AWS、Google、Microsoft 和 Oracle 等巨头也开始进入低（无）代码领域。2018 年，西门子宣布以 6 亿欧元的价格收购 Mendix，快速应用开发的低（无）代码平台 OutSystems 也获得 3.6 亿美元的投资。至此，低（无）代码平台市场开始火爆起来。

5.2　低（无）代码的定义

低（无）代码是指快速设计和开发软件系统的方法，主要应用于企业信息化领域，是一种快速开发技术。低（无）代码允许用户使用易于理解的可视化工具开发自己的应用程序，而不是通过传统的编码方式进行开发。可构建业务流程、逻辑和数据模型等，必要时还可以添加自己的代码，在完成业务逻辑、功能构建后，可一键交付应用程序并进行更新，自动跟踪所有修改内容并处理数据库脚本和部署流程，实现在 iOS、Android、Web 等多种平台上的部署。

借助低（无）代码平台，开发人员无须编码即可开发企业应用的常见功能，使用少量编码能开发出更多扩展功能。虽然低（无）代码是一种新的开发方式，但它是从高级开发语言出发，沿着可视化、组件化和框架化的发展方向一路演变而来的，是高级开发语言发展到一定阶段的必然产物。

在低（无）代码平台的支撑下，测试、运维等非专业开发人员，甚至部分业务人员都能参与到企业软件的开发过程中，补足专业开发人员不熟悉业务的缺口。不论是从零开始研发整套管理系统，还是在 ERP 等软件的基础上做二次开发，不论是应对非核心部门的临时性需求，还是支持企业核心业务的流程运转，低（无）代码都能帮助信息化系统以更低的成本落地，使更多企业提前享受数字化转型升级带来的红利。

5.2.1　什么是低代码

低代码的英文是 Low Code，Low 不是指抽象程度低，而是指少写代码——只在少数情况下才需要编写代码，大部分时候都用可视化的方式进行开发。代码写得少，人为错误也就越少，测试用例也可以少写；除了开发阶段，低代码平台还覆盖了应用构建、部署和管理工作，因此运维操作也会变少。

根本上来说，低代码是指开发人员能在更少的时间内，完成更多工作的一种开发方法，开发人员可以将更多时间用于创造和构建，并减少重复性工作。低代码并不会降低开发人员的价值，相反，能使开发团队更快地产生更多价值。

低代码平台有如下核心功能。

- 全栈可视化编程：可视化包含两层含义，一个是编辑时支持点选、拖曳设置操作，另一个是编辑完成后能直观地预览效果。虽然传统的开发平台支持部分可视化功能（如早年 Visual Studio 的 MFC 和 WPF），但低代码更注重全栈的、端到端的可视化编程，覆盖应用开发所涉及的各个技术层面。
- 全生命周期管理：作为一站式应用开发平台，低代码平台支持应用的全生命周期管理，即从设计阶段开始，历经开发、构建、测试和部署，一直到上线后的各种运维（如监控报警、应用上线）和运营。
- 低代码扩展能力：使用低代码开发时，大部分情况下仍离不开代码，因此低代码平台支持在必要时可通过少量的代码对应用进行灵活扩展，如添加自定义组件、修改 CSS 样式、定制逻辑流动作等。一些可能需要编写的场景包括 UI 样式定制、遗留代码复用、专用的加密算法、非标准系统集成。

5.2.2　什么是无代码

无代码也被称为零代码，无代码是指完全不需要写代码的应用开发方式，它比低代码的门槛更低：彻底依赖可视化界面。无代码平台期望能尽可能降低应用开发门槛，使人人都能成为开发人员，包括完全不了解代码的业务分析师和产品经理。在技术分工越来越精细的趋势下，即便是专业的开发人员，也很难成为独立开发和维护复杂应用的全栈工程师。但无代码可以改变这一切，无论是技术小白，还是资深的开发人员，都可以通过无代码实现自己的技术梦。

然而，低代码也有一定的局限性。完全"抛弃"代码的代价是无代码平台的能力与灵活性会受到一定限制。一方面，可视化编辑器的表达能力远不及通用编程语言，不引入代码很难实现灵活的功能定制与扩展。另一方面，由于低代码的受众群体是非专业的开发人员，能支持的操作会更趋于"傻瓜化"。例如，页面只支持业务组件的简单布局，不支持细粒度原子组件和灵活的 CSS 布局，同时也只会使用相对简单的模型和概念，如使用表格表示数据，而不是使用数据库。

虽然无代码与低代码有所差异，但从广义上来说，无代码可以当作低代码的一个子集。Gartner 在相关调研报告中将无代码划在低代码的范围内。目前市面上很多流行的低代码平台，也都兼具一部分的无代码功能。

5.3 低（无）代码的优势

1. 设计者无须具备编码能力

由于低（无）代码的特征，会大大降低编程语言的学习难度，完全不懂程序开发语言的业务人员都可以快速学习和开发应用程序。

2. 快速高效

低（无）代码平台凭着可视化、易理解的图形化界面，使业务人员更直观地使用低（无）代码平台进行开发；开发人员也能借助平台的界面、功能，更轻松地使业务人员理解应用实施逻辑。

由于低（无）代码使用大量的组件和接口进行开发，结合集成云计算的 IaaS 和 PaaS 层能力，使得开发效率大幅提升，并大幅降低开发成本。可视化、交互化、简洁的界面，开发人员能更高效地进行开发，排查、修复错误的效率也更高。

由于低（无）代码平台会自动生成可执行代码，因此代码的错误更少，安全性更高。通常，低（无）代码平台采用组件和面向对象的开发方式，使代码的结构化程度更高，更容易维护。

总而言之，低（无）代码平台解决了传统交付模式下的任务堆积问题，使业务人员按自己的想法实现应用，应用开发能力不再是少数专业开发人员的特权，开发所需要的技能门槛与成本也会越来越低，真正实现技术民主化（democratization of technology）。

3. 自由组合组件

低（无）代码围绕业务场景和角色，支持将菜单、列表、查询、报表等组合到同一个可视化界面，组件和模板供设计者自由组合，具有舒适的交互体验。

4. 聚合能力

传统的企业系统中，每个部门有不同的系统需求，于是各自采购系统。但这些系统彼此孤立、独立运作，导致企业采购的系统十分复杂,造成资源浪费。低(无)代码平台使绝大部分部门的业务系统都能在一个平台里搭建、彼此联系，这样会降低成本、提高效率、提升内部生产力。

低（无）代码尝试将所有与应用开发相关活动都聚合至同一个平台，实现人员聚合、应用聚合和生态聚合。

- 人员聚合：各职能角色紧密协作，各方人员聚合至统一的低（无）代码平台进行作业，促进项目流程的标准化、规范化和统一化。
- 应用聚合：一方面，各应用的架构设计、资产复用、相互调用变得更容易；另一方面，各应用的数据都进行聚合，平台的外部数据也能进行共享，彻底解决企业的数据孤岛问题。
- 生态聚合：当低（无）代码平台聚合了足够多的开发人员和应用后，将形成一个巨大的生态体系，这将使低（无）代码平台的作用最大化。

5. 基于模板化的开发扩展能力

面对客户的差异化需求，平台支持标准的开发扩展机制，该机制包括界面模板机制和自定义控件机制。

- 界面模板机制：低（无）代码平台将数据层和展现层分离，通过界面模板，满足不同客户对界面样式的特殊要求。可按照模板快速定义不同风格和样式的界面，并在应用中使用该模板，无须独立开发。平台提供样式丰富的门户模板、列表模板、表单模板、报表模板、移动界面模板供用户选择。

● 自定义控件机制：按照开发标准，开发人员可快速扩展新的控件并接入应用使用。

6. 满足多行业、全场景的业务需求

低（无）代码平台可满足多个行业、多个场景的需求。相比传统软件平台只局限于某个行业和场景，低（无）代码平台具有非常大的市场空间。图5.1展示了低（无）代码平台支持的应用场景。

图 5.1　低（无）代码平台支持的应用场景

第 6 章

低（无）代码开发的主要流程

6.1 低（无）代码开发的环境准备

进行低（无）代码开发时，不用特别准备开发环境，只要有一台能上网的电脑，就可以进行低（无）代码开发，无须安装其他软件。

开发人员在低（无）代码平台提供商的官方网站上注册后，就能在网站上在线开发各种应用。对于一些复杂的场景，需通过脚手架等工具编写代码。

无代码主要使用 WebIDE 进行开发，业务人员可在可视化的网页界面进行拖曳、编辑等操作，不需要代码编写，即可进行业务场景的搭建。通过在可视化的网页界面中对代码的抽象、整合，即使业务人员完全不懂代码，也可以快速开发满足业务需求的应用。

低代码开发需要准备如下环境。

- 安装集成开发环境（IDE）：便于应对不用写代码、可视化开发的需求。
- 安装厂商的 SDK：开发人员通过厂商提供的 SDK，对 SDK 进行集成，在复杂场景下通过编写代码，自定义实现各种复杂的需求。在此场景下，需要具有一定专业知识的开发人员进行操作。基于厂商提供的 SDK 和已存在的 API，开发会更方便快捷。

在复杂场景中，可能需要进行代码的开发。代码开发一般分为前端和后端两部分。

以得帆云低代码平台为例，复杂场景代码开发的准备工作，前端的代码开发需要在 x-apaas-cli 脚手架中进行，开发人员要掌握 HTML、CSS、JavaScript、Vue CLI、Vue 等技术。

后端也需要相应的软件支撑。每个低（无）代码平台所需要的环境不一样。得帆云低代码平台使用 Spring Boot 框架进行开发，aPaaS 提供 lib 包，此包提供自开发所需的相关服务。

下面介绍如何使用脚手架进行低（无）代码开发。

步骤 ① 》 以 App 项目包为基础，构建 runtime 包。

步骤 ② 》 逐步将 App 中的相关服务暴露至 runtime 包中。

步骤 ③ 》 将自开发的包引入 runtime 后，打包为 lib。

步骤 ④ 》 暴露应用标准 properties，如 appId、tenantId 等。

步骤 ⑤ 》 允许自定义配置，支持配置 application-apaas.properties 配置文件。此配置文件可使用自定义配置或平台的默认配置。

6.2 无代码的开发流程

无代码是一种基于云平台、适合业务人员使用、无须代码开发的数字化软件开发方式，开发门槛低、开发节奏快，能满足中小型企业对信息化系统"灵活调整、快速变更"的需求。非技术型开发人员在几天甚至几个小时内，就能完成系统的开发、测试和部署工作，并能从容应对需求的变更和调整。

传统的软件开发流程与无代码开发流程的区别如图 6.1 所示。传统的软件开发通常需要经过任务计划、需求设计、开发设计、编码开发、系统测试、系统维护等流程。

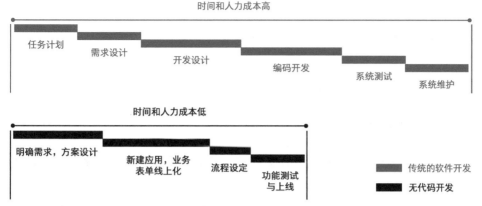

图 6.1　传统的软件开发流程与无代码开发流程

无代码开发通常会经历如下四个阶段。

● 明确需求，方案设计。

● 新建应用，业务表单线上化。

● 流程设定。

● 功能测试与上线。

以最简单的数据录入、人员协作为例，如果使用无代码平台，基于实际的业务需求，则可在几分钟内，快速开发一个基于云的应用程序。除此之外，还可以通过自动化输入的功能提高数据的输入效率，通过平台的统计分析功能指导企业的经营决策，最终提高团队的整体效率和生产力。

通过上述分析，无代码开发在流程方面有如下优势。

● 敏捷性更高：无须花时间搭建数据库，分别开发前端页面和后端数据流转逻辑，通过无代码平台，只需简单地拖曳操作，系统就可以快速成型，将软件开发的周期缩短至数天甚至数小时。

● 成本更低：无须专业研发团队进行研发，业务人员都可以完成系统搭建，以低成本迎来企业的数字化变革。

● 迭代更快：随着业务的快速发展，传统的软件开发重构底层代码的方式不再能满足业务的快速迭代需求，无代码可通过更新配置或逻辑，以较快的速度灵活调整系统，并快速上线系统。

6.2.1 明确需求，方案设计

1. 梳理需求，明确设计方案的意义

作为无代码开发流程的起始阶段，梳理需求和设计方案是后续系统落地的基础。

通过梳理需求，了解使用者的业务场景和待解决的痛点，验证需求的真伪并判断问题的优先级。只有在完成上述工作后，才能设计出最贴合实际业务场景的信息系统实现方案。

建筑图纸是建筑物施工的重要依据，决定了建筑物的外部形状和内部结构。设计方案就像建设房屋的图纸，决定了系统的模块规划、表单结构、字段设置、各表之间的逻辑关系，为后续的系统实施提供基础。

2. 确定需求范围，明确业务人员和管理人员

在梳理需求阶段，确定清楚本次开发的需求范围是开发人员面临的第一个挑战。在明确本次系统的需求范围后，开发人员将以此为核心，确认系统涉及的业务人员和管理者人选（后文统称为使用者），即可开展后续的调研流程了。

3. 实施调研计划，梳理业务流程

调研计划示例和调研框架示例分别如图 6.2 和图 6.3 所示，开发人员可根据调研计划，在使用者中选取全部人员或核心人员依次进行需求调研，按照调研框架中的内容，尽可能细致地了解使用者日常工作的开展情况和可能出现的异常情况，并结合日常工作中涉及的业务表单、工作流程、流转流程、人员权限、核心指标等，将使用者的日常工作梳理为系统需求。

调研计划					
调研开始时间	2021 年 12 月 18 日星期六				
调研结束时间	2021 年 12 月 20 日星期一				
累计天数	3 天				
所属部门及人数	部门负责人	岗位	拟调研人姓名	预计调研时间	备注
市场部 9 人	上海地区（科长：李峰） 杭州地区（副处长：杨发连） 苏州地区（副组长：胡龙飞） 云南地区（副处长：郑富）	区域负责人	李峰	1h	
		市场开发		1h	李峰兼任
		运维	赵乐平	1h	
运营管理部 2 人	杨萍	客服负责人	于海洋	1h	
		运维	杨萍	1h	
商品管理部 4 人	琚峰	品牌部主管		1h	琚峰兼任
		品牌专员	董顺芳	1h	
		内部采购主管	邓龙	1h	
		订单管理员	张丽	1h	
		数据专员	董少兰	1h	

图 6.2　调研计划示例

调研框架

▶ **综合背景：**

▶ **我们能提供的能力价值：**

▶ **组织架构图：**

主要部门与角色：

▶ **企业外部竞争对手：**

▶ **业务流程图：**

▶ **业务场景描述：**

▶ **核心需求与痛点：**

▶ **核心表单：**

▶ **关键指标：**

关键文件 [收集与否]：

需提交资料列表：

▶ **复盘总结：**

图 6.3　调研框架示例

4. 输出规划方案（流程图展示、系统表结构图）

完成需求调研后，开发人员基于调研结果，结合收集到的全量业务表单、工作流程、流转流程、人员权限、核心指标等进行方案规划，并向使用者确认方案和需求，确保方案能满足业务流程流转和功能需求。

在方案规划阶段，开发人员主要基于业务表单，对系统中涉及的表格与表格中包含的字段进行规划，这些表格将替代线下的 Excel 表中的业务数据，转变为线上数据库；同时开发人员会完善自动通知流程、自动创建业务数据、自动计算工资等自动化功能，从而提高使用者的工作效率。

6.2.2 新建应用，业务表单线上化

1. 新建应用

在规划结束并确认无误后，将进入系统开发阶段，在这个阶段需要新建应用。这里的应用是指无代码平台提供的用于系统搭建的专属工作空间，该空间完全属于开发人员或者他所在的公司，其他人或其他公司在获得权限前，是无法看到或使用该空间的。在应用内，可调用无代码平台的各项功能。

2. 业务表单线上化

业务表单线上化是指将设计方案中的表单结构和字段类型在系统中创建出来，如表 6.1 所示，介绍了字段类型及其应用场景。

表 6.1　字段类型及其应用场景

字段类型	应用场景
文本	无格式文本：无样式的单行或多行文本框； 带格式文本：可在多行文本编辑区中设置样式丰富的文本
号码	手机号码、身份证号码等非计算用途的编号
条码	通过手机扫描条码进行输入和搜索，录入快递单号、设备号等信息
数值	用于求和、求平均等统计运算

续表

字段类型	应用场景
计算	根据公式自动计算结果
日期和时间	存储日期或时间信息，可用于按时提醒、按时间段统计等
下拉菜单	可从下拉菜单中选择一项或多项
账号	存储系统中用户的账号信息。后续可基于存储的账号信息，提供通知或权限功能
关联	不同表单间数据进行关联，如学生和班级表，使数据结构化
位置	存储地理位置，提高录入的准确性，可通过定位或搜索输入地理位置
图片	存储需进行查看或审核的图片信息，方便随时查看
附件	存储文件，可供后续下载、使用，支持多类型、多个附件同时上传
手写签名	适用于要求签字的场景，可供手机手写录入签名

通过业务表单线上化，可以实现线上数据存储、实时共享协作，从而解决数据汇总难、易丢失、共享不及时等问题。

3. 设置权限

随着企业规模的扩大、业务量的增加、员工构成越来越复杂，对数据和业务的权责划分、数据安全性等问题也随之而来，这时需要进行权限设置，使员工只能获取权限内的数据，从而保护数据安全和企业资产。

目前，大多数无代码平台可以实现表格级、数据级、字段级的权限控制。根据实际业务场景，设置不同角色对表单和字段的操作权限，如查看、创建、修改、删除、分享、导出。

6.2.3　流程设定

当企业完成表单线上化并设定权限后，如果有更复杂的自动化业务，则可使用无代码平台的流程设定功能。

在大部分无代码平台中，流程设定一般包括 IFTTT（自动化工作流）和 BPMN（流程中心）两种类型。

- IFTTT："If This Then That"的缩写，"If This"代表如果，指的是触发动作和触发条件，"Then That"代表那么，指的是后续动作和动作的具体内容。使用 IFTTT 进行自动化设定，即在系统上实现设定的前提条件后，自动完成后续动作。例如，在创建订单数据时，自动生成订单编号；在输入客户的身份证号码后，自动计算客户生日；提醒销售人员为客户送上生日祝福等。使用 IFTTT 可降低使用者的工作难度和强度，提升使用者效率。

- BPMN："Business Process Modeling Notation"的缩写。BPMN 可基于实际业务流程进行标准化建模。与 IFTTT 相比，BPMN 有流程结构展现完整、可视性高、便于维护等优点，多用于处理 OA、行政、业务、财务等审核工作，从而实现企业业务的全流程闭环，执行更加规范、高效。

6.2.4 功能测试与上线

1. 功能测试

当开发人员基于无代码平台完成系统功能的开发后，需要进行功能测试，从而验证产品的功能是否符合预期。

常见的功能测试流程包括如下步骤。

步骤 ① 开发人员自测。开发人员需对系统整体功能进行测试，从而确保系统不存在错误。

步骤 ② 选取少量使用人员进行灰度测试。开发人员在自测完成后，需从各个岗位的使用人员中抽调少量使用人员进行灰度测试，通过使用人员在实际业务场景中对系统进行试用、反馈、调整，保障系统能满足使用人员的需求。

步骤 ③ 全范围试运行。在完成自测和灰度测试后，就可以进行大范围推广试运行，在此阶段，开发人员须规定试运行的时间和目标，保证使用人员在试运行期间完成相应的测试，这样可提高使用人员使用系统的熟练度，保证系统上线后可流畅使用；同时也会充分暴露问题，保障系统在正式上线启用后，可以稳定运行。

2. 上线

当上述测试流程完成后，开发人员须清洗剩余的测试数据，并在系统中迁移正式的业务数据。

通常情况下，开发人员将系统正常运行所需的基础配置信息录入系统，如人员组织架构、销售商品信息等。在少数情况下，若使用人员曾经使用过系统，则需将旧系统中的历史数据迁移到新的系统，保障系统的平稳切换。

在完成以上工作后，系统就可以正式上线了。

6.3　模型驱动的低代码开发流程

作为新兴的软件开发技术，低代码平台提供了如下两种开发流程，适用于不同的开发人员和应用场景。

- 模型驱动：可视化软件开发技术发展的产物，提供类似于传统软件开发的流程。
- 表单驱动：源于成品软件的客户化配置技术，提供类似于成品软件实施的开发流程。

下面将分别介绍这两种类型的低代码开发流程，供读者在实地开发过程中参考。不同类型的低代码开发与编码开发的对比如图 6.4 所示。

项目	编码开发	低代码:模型驱动	低代码:表单驱动
主体用户群体	技术人员	技术人员	业务人员
技术人员的学习门槛	中	低	低
业务人员的学习门槛	高	高	中
搭建速度	慢	中	快
可维护性	高	高	低
软件工程管理	支持	支持	不支持
数据处理性能	高	中 （不采用编程扩展方案）	低

图 6.4　不同类型的低代码开发与编码开发的对比

模型驱动的低代码开发的系统架构与传统编码开发保持一致，关注软件开发的全生命周期，应用场景与编码开发接近，可广泛应用于各类企业的软件开发。此外，这类低代码开发的基础概念、开发流程与程序开发语言类似，对拥有计算机相关背景的开发人员更友好，是传统编码开发团队转型的首选。

模型驱动的低代码平台有如下几种功能。

- 允许访问数据库，支持以数据表和表关系的形式设计数据结构。
- 在空白页面中进行构建时，可自由定制布局和样式。
- 支持私有化部署，或提供多套云环境（如开发环境、验证环境、生产环境），并支持环境切换。

模型驱动的低代码平台通常用于构建规模较大、复杂度较高的企业级应用，开发流程与传统的编码开发类似，软件工程的理论和实践均可以用于低代码开发，从而提升开发效率。

为了充分发挥开发效率高、交付周期短的优势，低代码开发应搭配敏捷开发流程。敏捷开发流程的主要工作和产出如表 6.2 所示。

表 6.2　敏捷开发流程的主要工作和产出

项目	主要工作	产出
需求分析	分析用户需求，明确需求的范围和关键流程	PBI（产品待办项）文档
设计	将需求拆解为数据结构、业务逻辑和 UX 设计要求	设计文档包，部分项目会产出原型
开发	将设计转化为可执行的代码，通常会进行单元测试	代码和少量必要的文档
测试	进行人工测试和自动测试	经过测试的文件，包含软件包和文档
部署	将程序部署到全部或部分生产环境中	用户可用的软件系统
反馈	征集用户对产品的反馈	用户需求

6.3.1　需求分析与设计

软件越复杂、规模越大，对需求的理解出现偏差的可能性就越大。一旦对需求的理解出现了偏差，就无法避免大量的重复工作，所以对软件的需求进行详细的分析是十分必要的。

对于复杂度较高的企业软件来说，建议在设计阶段进行数据库和页面交互的设计工作，在这些基础工作就绪后，再进行后续研发工作。然而，在编码开发方式中，设计方案通常是一系列文档。为了指导后续开发，这些文档的语言更严谨，概念更专业，需求方很难直接参与到这一阶段中，容易对需求理解出现偏差。低代码的出现，大大缩短了软件设计和交付的周期。开发团队在低代码平台上构建数据模型、设计页面跳转路径，在有限的成本下，使设计阶段的产物从文档变为更直观的原型程序。原型程序使需求方可以在第一时间看到软件最终的样子，帮助他们发挥出自身拥有的业务能力。

低代码开发中，需求分析阶段的核心工作是建立数据模型和页面交互，并使用原型的方式将其展现给需求方。

下面举一个常见的例子，目前要创建一个名为"库管小助手"的软件，帮助库管人员管理仓库中商品的库存。该软件能实时查询每种商品的库存量和指定月份的库存量，能创建和查询出库单、入库单、盘点单等。

1. 建立数据模型

建立数据模型又称数学建模。在建立数据模型时，需要识别需求中涉及的业务实体（Business Entity）和主数据（Master Data）。业务操作通常会生成业务实体，如出库单就是一个业务实体，系统的使用时间越长，业务实体的数据量越大。主数据描述了业务实体的某个属性。业务实体和主数据的建模，本质就是用模型描述现实中的应用场景。

主数据和业务实体之间的关系分为一对多关系和多对多关系。

对于定制化的应用场景，从业务实体开始进行数据建模是一个不错的选择。在"库管小助手"软件的需求分析中，分析需求分析中提到的业务操作，这些操作生成的业务实体包括月度库存单、出库单、入库单、盘点单。在实际工作中，能在纸质单据或 Excel 文档中看到这些业务实体的样子。在企业软件的数据建模工作中，需要了解如下概念。

- 主子表关系：关系型数据库涉及的概念，用来描述一种特殊的一对多关系。主子表之间存在强关联性，主表中有多个子表的链接，子表中有到主表的链接。主子表关系适用于涉及列表属性的场景，如入库单包含多条入库单明细记录，此时需要将入库单明细记录设置为一个新的业务实体，并且与其上级实体建立一对多关系，最终形成主子表关系，即入库单表为主表，入库单明细表为子表。主数据涉及多个业务功能，为了便于维护，通常不会将主数据与业务实体绑定为主子表关系。
- 关系表：用于描述多对多关系。如果有多对多关系，则需要建立一个单独的关系表描述此关系。例如，盘点单的操作人和员工是多对多的关系，则需要创建盘点操作人表，该表中包含有盘点单、操作人两个属性。如果一个盘点单有两个操作人，则需要在该表中添加两条记录。
- 计算字段：源于关系型数据库中的视图，该属性的值是通过当前行的其他属性自动计算而来的，通常用于简化业务逻辑开发的工作量。因为计算字段通常用公式进行描述，也被称为公式字段。例如，出库单的所在年度属性是根据出库时间计算得到的，具体的计算方法为 YEAR ([出库时间])。

- 统计字段：源于关系型数据库中的视图，统计字段的值是通过子表的属性统计计算得到的，这里的统计计算主要包括 SUM、COUNT、AVG、MAX、MIN 等。例如，出库单的总件数属性是通过对出库单明细记录中的数量属性进行求和得到的，可描述为 SUM ([出库单明细].[数量])。

表 6.3 列出了"库管小助手"软件的业务实体及其属性、类型。为了简化描述，表中内容与实际业务相比，有较大程度的简化，如不考虑月度锁定、单据锁定、删除数据后可恢复等需求。

表 6.3　业务实体及其属性、类型

业务实体	属性	类型
出库单	ID	数字，业务实体的唯一标志
	单号	文字
	操作人	员工档案 ID（主数据）
	出库时间	时间
	明细记录	入库单明细记录（主子表关系，当前为主表）
	所在年份	公式字段，根据出库时间字段计算得出
	所在月份	公式字段，根据出库时间字段计算得出
	出库商品总件数	统计字段，根据明细记录字段统计计算得出
出库单明细记录	ID	数字
	出库单	出库单 ID（主子表关系，当前为子表）
	商品	存货档案 ID（主数据）
	数量	数字

在分析业务实体的过程中，可凭借对业务场景的理解和企业管理软件的常识，识别出那些应用场景不局限在当前业务操作，甚至不局限在当前软件中的属性，把这些属性作为主数据，可在后续系统维护中获益。"库管小助手"软件中包含如下主数据。

- 员工（员工档案）。
- 商品（存货档案）。

梳理主数据和业务实体后，需要利用低代码平台的可视化能力，将其创建为数据表和表关系。为了开发"库管小助手"软件，需要创建如下数据表。

- 入库单。
- 入库单明细。
- 出库单。
- 出库单明细。
- 盘点单。
- 盘点单明细。
- 月度库存单。
- 月度库存单明细。
- 存货档案。

大多数低代码平台都内置了用户管理功能，用于管理员工档案主数据。考虑到用户信息有安全性和可靠性的要求，低代码平台通常不会直接开放员工档案主数据表的访问权限。以活字格低代码平台为例，使用创建用户信息视图功能，可生成员工档案的视图，完成对主数据的只读查询。

在一对多关系中，子表通过"设置关联字段"的方式，将自己与主表关联，完成表关系的创建工作。在建立表关系后，在主表中，增加到子表的链接，同时在子表中增加到主表的链接。"库管小助手"软件中涉及的表关系有如下几种。

- 出库单－出库单明细：出库单明细的出库单 ID 属性与出库单的 ID 属性关联，有主子表关系。
- 出库单－员工：出库单的员工属性与员工档案的 ID 属性关联。
- 出库单明细－商品：出库单明细的商品属性与存货档案的 ID 属性关联。
- 入库单－入库单明细：入库单明细的入库单 ID 属性与入库单的 ID 属性关联，有主子表关系。
- 入库单－员工：入库单的员工属性与员工档案的 ID 属性关联。
- 入库单明细－商品：入库单明细的商品属性与存货档案的 ID 属性关联。
- 月度库存单－月度库存单明细：月度库存单明细的库存单 ID 属性与月度库存单的 ID 属性关联，有主子表关系。
- 月度库存单明细－商品：月度库存单明细的商品属性与存货档案的 ID 属性关联。
- 盘点单－盘点单明细：盘点单明细的盘点单 ID 属性与盘点单的 ID 属性关联，有主子表关系。
- 盘点单明细－商品：盘点单明细的商品属性与存货档案的 ID 属性关联。
- 盘点操作人关系－盘点单：一对多关系，出库单的员工属性与员工档案的 ID 属性关联，有主子表关系。
- 盘点操作人关系－员工：多对多关系，出库单的员工属性与员工档案的 ID 属性关联。

2. 梳理页面与跳转关系

用户是通过界面操作软件系统的。良好的页面拆分和跳转关系可在保证软件正常使用的基础上，提高用户的操作效率，最终影响用户对软件的满意度。页面的数量不宜过多或过少，需要根据业务需求进行设计。为了提高用户体验，通常会为每个行为设计一个或多个页面，通过页面的跳转，引导用户完成业务操作。以"库管小助手"软件的出库单为例，根据用户调研，可分析出如下行为。

- 创建出库单。
- 修改出库单。

● 删除出库单。

● 查看出库单。

● 根据操作人、单号、商品、日期范围查询出库单。

根据上述分析结果，可设计出如下页面。

● 出库单创建页面：出库单涉及了关联的明细表，页面上需要用户输入出库
  单表的内容，并引导用户在出库单创建页面上创建出库单明细记录，并填
  写该表中所需的商品和数量信息。在用户提交记录后，系统需要同时在两
  张表中创建记录。

● 出库单修改页面：与创建页面类似，根据传入的出库单ID，展示出库单的
  详细信息，用户可修改这些信息。用户提交修改后，需要对两张表中的数
  据进行更新。

● 出库单删除页面：询问用户是否删除该出库单，如果用户确认删除该出库
  单，则同时删除出库单表和出库单明细表两张表中的记录。

● 出库单查看页面：接收出库单的ID，展示该ID的出库单的详细信息，包
  含出库单表和出库单明细表中的数量。用户可通过单击按钮，跳转至出库
  单修改页面或删除页面。

● 出库单查询页面：通过用户设置的查询条件，系统从出库单表和出库单明
  细表中过滤出符合条件的出库单，用户可通过单击出库单，跳转至出库单
  查询页面，系统根据出库单ID展示出库单的详细情况。

使用低代码平台提供的内置模板创建上述页面，并设置按钮的跳转关系，例
如，单击出库单查询页面上的"修改"按钮，跳转到出库单修改页面。

目前不需要建立数据模型与页面之间的关联，而是将注意力集中在页面本身
的跳转流程，以及用户交互的便利性、美观性。在部分要求较高的项目中，页面
的设计工作可以交给用户体验设计师完成，无须深入理解数据模型和数据绑定等
功能，就能做出美观的页面效果。对于软件公司为企业客户进行项目交付的场景
来说，这种引入专业设计师的做法是非常有必要的。

3. 构建原型

经过前两步，创建了数据模型和页面，剩下的工作就是将数据模型和页面连接在一起，构建出原型，从而确保核心业务流程的可操作性，提升与需求方进行沟通确认的效率。考虑到原型沟通阶段有较高的返工概率，建议不要在此阶段完成大量的实际开发工作，仅实现数据加载和用于现场演示的简单数据查询功能即可。

以出库单为例，首先需要将出库单查询页面的查询结果列表与出库单表的数据进行数据绑定（data binding），数据绑定是软件开发中的概念，是指将列表、输入框、文本框等元素上显示的数据与数据库或后端服务传递过来的数据建立关联。当后端的数据发生变化时，页面上显示的效果随之更新。页面上输入的数据也可以传递到后端保存。出库单的数据绑定如图 6.5 所示。

图 6.5　出库单的数据绑定

为了展示单击列表上出库单的记录，即可自动打开详情页面的效果，需要在查看出库单的页面中，做出根据传入的参数，查询对应出库单数据，并将出库单数据与页面上的功能进行绑定。这种从列表中打开详情页的做法在企业软件中非常常见，企业级低代码平台引入"当前行"的概念：用户在列表中单击某一个出库单后，系统将这个出库单记录为当前行。这样，开发人员只需在详情页上，将操作人、出库时间等文本框与数据表中对应的字段进行绑定，数据绑定引擎就会在出库单详情页面打开时，自动使用用户在前一页面的列表中选择的出库单填充页面，无须任何额外的设计，就能完成从查询页面到详情页面的数据传递与跳转。

经过数据库建模、页面设计和数据绑定等操作，即可得到一个原型。原型包含系统最核心的数据模型，也包含需求方所需的页面交互。在原型的数据库中添加演示数据后，就可以展示给需求方，从而提高沟通效率。

使用原型进行需求沟通，可以充分挖掘需求方之前没有写明的需求和期望，使最终产出的软件能更加贴近用户需求。

6.3.2　开发

1. 业务逻辑梳理与开发

在开发阶段，一方面需要沿用需求分析阶段的做法，不断完善数据模型，创建、细化页面和交互；另一方面，需要使用原型不包含的业务逻辑，如业务实体的创建和自动更新。考虑到性能和安全性的要求，企业软件的业务逻辑通常运行在服务器端，最终产出的结果是可供页面调用的 WebAPI。

特别
说明

服务端开发不是低（无）代码平台的必备能力。按照国际知名研究机构 Gartner 的观点，构建 WebAPI、实现前后端分离的设计通常出现在用于构建大型复杂应用的企业级低代码平台中。对于不支持该功能的低代码平台而言，这部分业务逻辑的开发通常需要采用编码的方式完成。

以创建出库单为例，可以按照如下规则，梳理业务逻辑。

● 前置检查：用户输入的信息是否有效，如必填项目是否有缺失、数量等参数是否合规；用户输入的信息所对应的主数据是否可用，如出库单明细中的商品对应的存货档案是否存在；其他业务检查，如商品当前的库存是否可以满足出库单中要求的数量。

● 创建实体数据：按照用户输入的数据，分别创建出库单表和出库单明细表。

● 更新相关实体数据：更新库存表中的商品数量。

● 返回操作结果：如果前置检查出现问题，则返回产生问题的原因；如果前置检查通过，则返回执行成功的实体 ID。

此外，为了确保数据的准确性和程序的可用性，需要在业务逻辑中使用事务，确保涉及多张表的数据库操作能同时成功。如果有一个表的操作出错，则全部回滚；使用异常处理机制，当程序没有按照预期的方式执行并发生错误时，能返回错误的信息，而不影响软件其他功能的正常使用。

相比于简单的表单类软件，企业级软件的业务逻辑是非常复杂的。为了确保这些业务逻辑能通过可视化的方式构建，低代码平台通常会参考高级语言的指令和常用类库。基于大量的企业级应用需求，列出如下低代码平台在业务逻辑开发阶段必须提供的功能。

● 变量：定义参数、定义内部变量、为内部变量赋值、读取内部变量和参数的值。

● 流程控制：判断、循环、返回、异常处理。

● 数据库操作：查询（包含数据集查询、值查询、行数查询等）、插入、更新、删除、调用数据库编程能力（如存储过程）。

● 文件操作：管理文件夹、管理文件。

● 事务控制：提交和回滚数据库事务、支持不同的事务隔离级别。

与传统的编码方式相比，使用低代码搭建的业务逻辑可读性更强，开发团队内、外部沟通的效率更高。

2. 前后端集成

在开发页面时，以 HTTP 协议调用低代码平台开发的 WebAPI。考虑到前后端分离是现代企业软件开发的最佳实践，提供服务端业务逻辑构建能力的低代码平台提供了更方便的方式：直接调用运行在服务端的业务逻辑，即服务端命令。例如，为创建出库单的提交按钮添加调用服务端命令的环节，传入用户输入的数据后，将服务端的返回结果展示给用户。

此外，在开发过程中涉及的数据建模、页面交互设计、数据绑定等内容，与"需求分析与设计"阶段相同，这里不再赘述。

6.3.3 测试

不论是采用低代码开发还是编码开发，构建出的软件都需要经过测试才能提供给最终用户使用。为了避免开发工作、测试工作和业务用户互相干扰，通常会构建三个环境：开发环境、测试环境和生产环境。这些环境均需包含独立的数据库、应用程序和网络配置，并相互独立。

1. 搭建测试环境

与生产环境相比，测试环境的部署频率更高，对失败的容忍程度也更高。低代码平台通常提供不同的部署方式。如果选择云部署模式，则厂商会在云服务器上提供多套环境供用户使用；如果选择私有化部署模式，则用户需要在局域网或 IaaS 云主机上手动安装和配置环境。一套完整的系统环境至少包含数据库和应用服务。所以，在手动安装和配置环境时，需要参照使用手册，安装服务器端程序和数据库程序，建议选择和生产环境一致的版本。安装完成后，还需要手动修改环境配置，并创建测试账户和权限组。检查无误后，就可以将测试环境提供给测试人员使用了。

2. 编写测试用例

在开始测试工作之前，测试人员会基于需求方提供的用户需求，设计测试用例。一个完整的测试用例包含环境准备、操作过程、预期结果三部分。一个测试用例通常需要运行多次，除了常规的测试，还有发布前的验收测试、修改相关模块后的回归测试等，必须要确保这些测试用例可随时复用。测试用例是软件开发文档的重要组成部分，建议以书面形式保存全部的测试用例。

以"库管小助手"软件为例，按照如下测试用例，测试创建出库单的基本功能是否可用。

（1）环境准备

2022 年 2 月份库存已结转，商品 A 的数量为 100，商品 B 的数量为 200，操作员"小李"有出库单的操作权限，2022 年 3 月 1 日没有出库单。

（2）操作过程

步骤 1 进入"出库单"页面。

步骤 2 单击"新建出库单"按钮，打开"出库单创建"窗口。

步骤 3 在"操作员"中选择"小李"，"出库时间"选择"2022 年 3 月 1 日 16:30:00"。

步骤 4 在"出库商品"中添加"商品A：1件"和"商品B：10件"，单击"提交"按钮。

（3）预期结果

◆ "出库单创建"窗口正常关闭。

◆ 刷新出库单列表，出现单号为"C202203010001"的出库单。

◆ 单击该出库单，"操作员"显示为"小李"，"出库时间"显示为"2022 年 3 月 1 日 16:30:00"，出库商品明细列表中显示"商品 A：1件"，"商品 B：10 件"。

◆ 进入库存查询页面，选择"2022 年 3 月"，单击查询后商品 A 的数量为 99，商品 B 为 190。

在实际的测试工作中，还可能加入如下测试。

- 边界用例：如商品 A 的数量为 100，设置库存数量为 101，检查逻辑是否正常。
- 非法输入用例：如商品 A 的数量为 0 和 −1，测试数据校验是否起效。

此外，为了测试企业软件的处理性能，会通过设计远远大于生产环境需要的测试用例，检验软件的性能是否符合预期。

3. 自动测试与持续集成

在开发大型项目时，通常会引入自动测试、持续集成等在编码开发领域中被广泛使用的测试技术，进一步提升软件质量和测试工作效率。使用低代码开发后，可将低代码设计器类比为传统编码开发中用到的集成开发环境，在版本管理、CI 集成等方面几乎完全一致，具体内容可阅读使用手册或咨询厂商的技术支持人员。

6.3.4 部署与反馈

软件经过多轮测试后，功能、性能等指标确认无误，通常就可以将软件正式部署到生产环境中，并提供给最终用户使用了。与测试环境的部署不同，生产环境的部署要求更加严格。为了避免误操作，大多数开发团队并不具备生产环境的操作权限。所以，开发团队需要在测试环境或验证环境中对部署过程进行测试，生成书面的部署流程并交给运维人员。运维人员在实地操作中，须严格遵循部署流程执行，逐步确认，避免遗漏。

从软件生命周期的角度来看，部署工作可分为上线部署和升级部署。

1. 上线部署

上线部署是指将软件部署到全新的生产环境，是软件在生产环境中的第一次部署。下面介绍一个典型的采用云部署模式的上线部署流程。

步骤 1 　准备：检查并确认生产环境（如CPU、内存、数据库版本等）
符合要求。

步骤 2 　发布：打开低代码开发环境，获取特定版本的工程；使用低
代码开发环境提供的发布功能，将应用和数据库发布至生产
环境。

步骤 3 　配置：修改环境相关的配置项目，如数据库连接信息、OAuth2
认证；创建或导入用户和权限组等基础数据；导入主数据。

如果采用私有化部署模式，则上线部署流程的准备和发布环节会复杂一些。

步骤 1 　准备：检查并确认位于局域网或云主机的服务器符合要求，在
对应的服务器上安装、配置数据库和服务端程序，检查服务器
的网络配置。

步骤 2 　发布：打开低代码开发环境，获取特定版本的低代码工程。使
用低代码开发环境提供的发布功能，将应用发布到对应的服务
器。使用数据库管理工具，在数据库上运行开发团队提供的数
据库创建脚本。

步骤 3 　配置：修改环境相关的配置项目，如数据库连接信息、OAuth2
认证；创建或导入用户和权限组等基础数据；导入主数据。

支持私有化部署模式的低代码平台通常会提供离线发布能力。以活字格企业
级低代码平台为例，开发团队可以将测试完毕的应用打包，生成一个后缀名为
fgccbs 的文件，运维人员将其拷贝到服务器上，利用活字格服务器端程序内置的
离线发布功能，将该文件以应用的形式进行发布。这种做法通常用于对安全性要
求较高的情况，如军工单位、保密单位等。

上线部署后，通常会进入使用培训和验收环节，验收完成后，软件就可以正
式投入使用了。

2. 升级部署

大多数软件都不是临时性的，需要长期维护和升级。在软件上线部署后，数据库存储了大量用户在使用软件时所产生的数据，这些数据是企业的重要资产。若软件的更新版本已经准备就绪，则如何确保新版本的部署过程不会对现有数据带来不必要的损坏？此时就需要执行升级部署流程了。

与上线部署相比，升级部署减少了环境准备和数据配置的过程，增加了数据结构差分升级环节。大部分支持模型驱动的低代码平台都提供了数据结构差分升级功能。通过检测当前环境和目标环境的数据库结构差异，可自动生成并执行升级所需的 SQL 脚本，从而完成数据结构的差分升级。当然，可基于自动生成的 SQL 语句进行优化，手动进行差分升级。

升级部署的流程如下。

步骤① 打开低代码平台服务端控制台，备份软件和数据库。

步骤② 打开低代码开发环境，获取特定版本的低代码工程。

步骤③ 使用低代码开发环境提供的发布功能，将软件发布至相应的服务器。

步骤④ 使用数据库管理工具，在数据库上运行开发团队提供的数据库升级脚本，或使用低代码开发环境提供的数据库差分比对功能，检查确认后执行数据库差分升级操作。

完成升级部署后，运维团队应配合开发团队，针对新版本中包含的新功能和改造功能进行验证性测试，确认无误后再向最终用户发送升级通知。

3. 收集用户反馈

将软件部署到生产环境并不是软件生命的终点，而是一个新的起点。为了确保定制化的企业软件能高度满足用户需求，还需持续收集用户反馈，包括对业务逻辑和操作体验的改进性建议、对新需求或新场景的期待等。在与需求方进行沟通后，这些反馈将作为新的需求，驱动软件的新一轮进化。

6.4　表单驱动的低代码开发流程

与成熟的开发技术提供商不同，低代码厂商提出了低代码的另一条技术路线。ERP 等产品通过调整配置选项，实现"一套软件适配不同客户需求"的目标。通过这种设计思想，厂商为高频使用的应用场景提供若干种可配置的数据和业务模型，并将这些数据和业务模型封装为对应的表单和操作，并为其提供配置选项。用户可以在平台上对这些表单和操作进行配置，平台根据这些配置完成表单展示、用户交互和数据处理。本质上，这是一个软件的"配置过程"而不是"开发过程"，所以省略了软件开发时所需的设计、开发、测试和部署等环节。

用户的配置是围绕着表单进行的，通常无法对数据模型进行调整，这种技术路线下的低代码模式被称为表单驱动的低代码开发。表单驱动的低代码平台将数据模型、业务模型与表单界面进行绑定，灵活性较差，无法完成复杂的业务逻辑、数据处理和高度定制化的界面布局，仅适用于有限的业务场景，如办公自动化等。因为不涉及专业的软件设计、开发和运维，有计算机相关背景的使用者并没有展现出显著的优势，所以表单驱动的低代码开发的使用者以业务人员为主。Forrester 在 2021 年的报告中提到，部分低代码厂商为了尝试挖掘平民开发人员带来的增量，将其产品宣传为无代码或零代码。所以，无代码或零代码是低代码的子集，通常可以被看作表单驱动的低代码。

表单驱动的低代码平台的功能如下。

- 不允许访问数据库，通过设计表单完成数据结构的定义。
- 基于表单、列表、图表等模板开始构建，通常不支持自定义页面布局和样式。
- 不支持在多种环境之间互相切换。

6.5 何时需要编码

低（无）代码平台需要使用少量代码进行开发，需要具备一定的编码能力。在上文中介绍的开发流程中，并没有用到编码能力。那么，何时需要进行编码呢？Forrester 公司总结出以下使用编码能力的应用场景。

1. 与第三方系统集成

虽然主流的低（无）代码平台内置了大量的系统集成组件，如连接主流数据库的数据源、调用第三方 WebAPI 的命令、对接微信或钉钉功能的控件等，无须编码就能完成部分系统集成工作，但这些显然还不够。若需要与一些特定行业领域的软件或硬件对接，则需要使用前、后端的编程接口进行系统集成，例如，利用前端编程接口从 PDA 的特定传感器读取数据；或利用服务端编程接口，通过 RS-485 端口向机械臂发送指令。

2. 界面交互精细化

通常，企业软件不会对界面交互提出过于精细化的要求，大多采用"实现功能即可"的设计方针。所以低（无）代码平台提供的页面布局、样式和交互功能通常比较大众化。不过，对于面向企业最终用户的市场营销、客户服务等应用场景来说，精致化的界面交互还是很有价值的，这对低（无）代码平台的界面设计能力提出了挑战。当低（无）代码平台内置的前端设计能力无法满足的交互设计要求时，利用前端编程接口对低（无）代码平台进行扩展也成了很多开发团队的首选。

3. 数据量较多的报表

随着数据量的增加，统计计算的复杂度有所提升，企业软件中报表的性能压力也会增大。在遇到数据报表加载缓慢、应用服务器资源使用率居高不下的问题时，利用数据库编程能力，将数据抽取和计算的过程转移至数据库上进行，通常会带来显著的性能提升效果。由于这里的数据库编程能力通常是指在应用服务器上直接执行 SQL 语句，所以这种应用场景不适用于无法直接操作数据库的表单驱动的低（无）代码平台。

从实践来看，即便是 MES 等企业核心业务应用，编码工作在低（无）代码开发中的占比也不会超过 10%，效率与原来的编码开发基本一致。剩余的工作依然可以发挥出可视化技术的优势，开发效率提升数倍。所以，在低（无）代码平台上针对少量的特殊场景进行编码开发，并不影响低（无）代码大幅降低开发成本、显著缩短交付周期的优势。

第 7 章

企业应用开发的关键：
构建业务模型

　　相信很多人都听说过与模型相关的词，如商业模型、逻辑模型、物理模型。为了更好地描述一个企业或组织的经营管理情况，有人提出业务模型这一概念。

　　每个企业都想在激烈的市场竞争中生存下来，并获得良好的发展。基于这样的目的，企业往往会寻找独特的差异化竞争优势，这也是一种有效的竞争手段。企业需要针对市场目标与业务发展需求，设计出不同于竞争对手的业务模型。随着市场的变化、公司业务的发展和竞争对手的策略转变，企业的业务模型也需与时俱进、快速调整。

　　企业数字化的本质是业务的数字化，业务模型在数字世界的映射是领域模型。领域模型是一个抽象的概念，按照高内聚、低耦合的原则，把业务划分为多个领域，业务的领域划分也指导了企业的组织架构和业务架构的调整。

　　本章重点讲解业务模型。

7.1　业务模型和领域模型

7.1.1　业务模型

业务模型是企业业务功能的有机结合和运行逻辑的抽象模型。当企业组织从业务本身出发，分析业务的概念及其关系后，通过可视化的方式，将这些业务概念和概念之间的关系用一个载体表现出来，这个载体就是业务模型。

业务模型存在于每个企业中，并且不同企业的业务模型都不相同。举一个简单的例子，淘宝有"购物车"功能，而消费者在拼多多是看不到"购物车"这个功能的，这说明淘宝和拼多多的业务模型不同。

业务模型是企业核心竞争力的体现，是企业根据自己的定位设计的业务模式，包括业务之间的关系、逻辑和规则。业务模型本身不涉及对软件设计的考虑，如继承、存储、性能等，只是单纯从业务本身出发，作用在于梳理业务的核心概念及其关系，帮助企业更好地理解业务本身。

业务模型既是基于现状的，又是面向未来的，会不断进行调整。建议企业在考虑业务模型时，侧重于面向未来和目标进行设计，这样才能更好地指导架构的实施和迁移。

大部分的业务模型最终需要通过技术实现，因为产品经理、销售人员、物流人员、售后人员等业务人员不一定了解算法模型，所以落地工作往往由专业的开发人员实现。但不得不承认，技术和业务之间经常存在沟通障碍。现实中，很多企业的调整是因为技术上的限制，制约了业务面向市场动态的调整。

7.1.2　领域模型

1. 领域模型是什么

领域模型是业务模型在数字世界的映射。很多人容易把业务模型和领域模型混淆，其实两者是不同的：业务模型表达业务概念及其关系，领域模型在业务模型的基础上，用 OOAD（Object Oriented Analysis Design）的思想，对对象的关系模型进行抽象。

以一个生活中常见的场景为例，某大型超市的会员使用会员卡进行购物，该场景在业务模型中会存在"会员卡"的业务概念，但在领域模型中，"会员卡"这一概念会被弱化，因为"会员卡"只是一个允许消费者消费或积分的凭证，是系统产生识别功能的工具，系统真正的目的是识别哪个账号在消费或积分，而不关心如何识别。

软件建模专家 Eric Evans 提出，领域模型的分析者可以根据需求，直接提炼软件的设计思想和抽象思维，从而直接设计出领域模型。如果对领域模型的分析没有经验，则建议分析者先分析业务模型，再对业务模型进行精简，进而得到领域模型。

2. 领域模型的重要性

领域模型决定了数字化转型的难度，解释了复杂业务的本质。领域模型对企业最直接的影响是帮助企业灵活应对需求的变化，快速迭代软件。此外，领域模型能解决业务人员和开发人员之间的沟通障碍，帮助开发人员快速理解业务需求。

市场环境瞬息万变，企业经历了从注重产品质量到关注消费者体验、并与消费者互动的转变。正因如此，越来越多的企业关注的重心从业务的标准化，转变为业务的个性化。

业务的个性化反映了需求的多变性，这种多变性对传统的软件开发流程有莫大的挑战。传统的软件开发流程多以瀑布流的形式进行，是一种严格控制的管理模式。也就是说，企业要有明确的需求，并按照需求一步步进行规划，每一阶段工作的完成是下一阶段工作开始的前提，每一阶段都要进行严格的评审。

深圳奥哲网络科技有限公司曾做过一个调研，调研数据显示，在企业数字化转型进入深水区的阶段，数字化项目的预算增加了五倍，千万级的数字化转型项目越来越多，40% 的数字化转型项目的工期比立项时多了一倍以上。在巨额的项目投资中，仅有 23% 的成本用于解决实际的业务问题，77% 的成本用于因业务的不确定性而产生的技术开销。

有了领域模型，业务才能快速跟上市场的变化；如果没有领域模型，则数字化平台无法正确反映公司的业务模型，会对公司的业务产生极大的制约效应。只有对业务进行高度抽象，掌握业务变化中的关键核心，才能使数字化转型的进程更快一步。

7.2 业务建模的流程

7.2.1 什么是业务建模

业务建模是指将业务需求转化为数据结构及其关系，变为可被低（无）代码平台所理解的数据模型的过程，这个数据模型是软件开发的基础。基于数据模型，才能构建软件的业务逻辑、工作流程和用户界面。因此，业务建模是低（无）代码开发的第一步，也是软件工程中体现软件设计思想的重要步骤之一。

下面以班级管理系统为例进行说明。某学校需要开发一个信息管理系统，用于管理和查询班级的相关信息。这个系统的需求分为如下几种。

- 班级管理：管理、查询各班级的学生和班主任。
- 新生入学管理：新生入学审批和存档管理。
- 学生档案管理：管理、查询学生的档案
- 教师档案管理：管理、查询教师的档案。

基于上述需求，可创建该业务场景的数据关系图，如图 7.1 所示。图 7.1 由多个方框和箭头组成。其中，方框上方的标题被称作概念，如班级、教师、学生；方框下方的内容被称作属性，是这个概念所具备的特有信息；概念之间通过箭头建立联系，这个联系被称作关系；箭头方向表示从一个概念到下一层子概念的拆解或推导，箭头周围的数字表示当前概念和子概念之间的对应关系，如一对一关系和一对多关系。

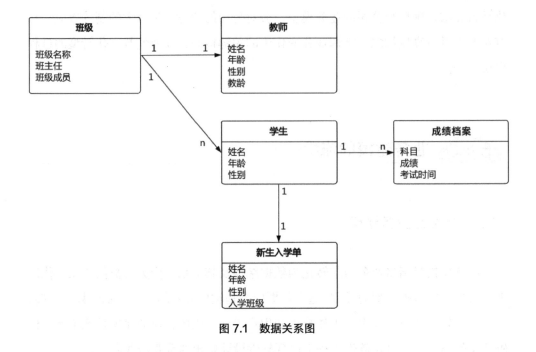

图 7.1　数据关系图

在上述案例中，要对概念、属性和关系进行建模。

- 概念：把学生、教师、班级、新生入学单、成绩档案等概念抽象出来，这个抽象过程是业务建模中的概念建模环节。这里的概念也被称为对象。
- 属性：每个概念都有属性，如学生的属性包括姓名、性别、年龄等。对概念的属性进行抽象的过程，是业务建模中的属性建模环节。
- 关系：概念与概念之间通常有一定联系。例如，一个班级有一名班主任和多名学生，一名学生有多种科目的成绩记录，一名学生有且仅有一个新生入学单。通过业务常识和分析推导，建立概念与概念之间关系的过程，属于业务建模中的关系建模环节。

总而言之，业务建模就是将现实世界中的业务对象进行抽象，并总结成计算机中的概念的过程。在这期间需要分析概念的属性和关系。业务建模的过程大致可分为概念建模、属性建模、关系建模等步骤。

基于上述分析，可按照如下思路进行概念建模。

- 抽象学生和教师：学生和教师不依赖于其他概念，是独立存在的，分别将学生和教师抽象为两个概念，并创建两张数据表，用于记录所有学生和教师的信息。通过这两张数据表，可查询每一个学生或教师的姓名、性别、年龄。

- 抽象班级：班级是一组学生和教师的组合，用于记录班级名称、班主任、班级成员等信息。

- 抽象新生入学单：新生入学单需要审批和存档，单独将新生入学单这一概念进行抽象，即在系统中创建对应的数据表，用于记录每个学生的姓名、年龄、性别、入学班级。

- 抽象成绩档案：成绩档案是学生通过考试这一行为动作所产生的数据结果，需要存档，单独将成绩档案这一概念进行抽象。每个学生对应多个成绩档案。

练一练

　　找一个学习或工作中经常遇到的业务场景，试着按照上述的讲解，构建一个简单的数据关系图。

7.2.2　需求分析

　　模型驱动的低（无）代码开发的业务建模流程分为需求分析、概念抽象、业务属性的定义、业务关系的定义、其他定义等步骤，如图 7.2 所示。除了需求分析，其余步骤均可在低（无）代码平台中通过图形化界面实现。

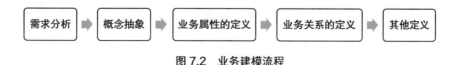

图 7.2　业务建模流程

开发人员针对特定的场景，经过细致的调研和分析，明确功能、性能、可靠性等要求后，将用户的需求转化为概念、业务属性、业务关系的定义。这里的业务属性和业务关系就是班级管理系统中的属性和关系。低（无）代码平台提供的可视化页面和流程创建模式，对开发人员的需求分析有一定帮助。

7.2.3　概念抽象

1. 概念抽象的定义

概念抽象是指现实世界到信息世界的初步抽象。在信息世界进行建模时，常常将现实世界中的对象、概念、要素抽象为信息世界中的概念模型，从而反映、描述客观世界的对象。最终，信息世界的概念模型落地到机器世界中，表现为实体或数据库中的数据模型。图 7.3 为概念抽象的流程图。

图 7.3　概念抽象的流程图

2. 概念模型的建立

建立概念模型时，最重要的目标是形成业务实体。业务实体是信息世界中的底层要素。为了实现这个目标，需要提前进行一些前置工作。表 7.1 介绍了前置工作及其说明。

表 7.1　前置工作及其说明

前置工作	说明
客户交流	与客户进行交流，了解业务流程
需求分析	分析业务流程，对需求进行分析
实体形成	基于需求分析的结果，找出业务中客观存在的概念，并形成实体

3. 如何找出合适的实体

可通过如下方面对实体进行抽象。

- 从业务要素的角度，可找出业务流程中客观存在的要素或独立存在的要素，这些要素可以是名词，也可以是动词。例如，学生是一个对象，新生入学是一个动词，新生入学单可抽象为一种实体。
- 从项目开发的角度，可找出业务中需要新增、删除、修改、存储的对象。例如，订单就可以抽象为一种实体。

4. 什么角色最适合进行概念建模

概念模型的建立与业务需求的理解密不可分。当深入理解业务需求时，能更高效、准确地建立概念模型。因此，最适合进行概念建模的人，往往是业务领域内的专家。

7.2.4　业务属性的定义

1. 什么是业务属性

对概念进行抽象并形成实体后，需要对这些概念进行描述。在现实世界中，通过属性描述这些概念，在信息世界中，也可以通过属性描述概念和实体。例如，可通过姓名、年龄、性别、教龄等属性描述教师。这些描述某一类概念的属性，被称为业务属性。业务属性的作用是在信息世界中描述概念。

2. 业务属性字段

业务属性在很多低（无）代码平台中也被称作业务字段。出于系统的管理需要，还有一些在数据库管理和查询时用到的特殊字段，即系统字段。因此业务属性字段包含业务字段和系统字段。

（1）业务字段

业务字段用于描述概念的属性。一般情况下，开发人员根据业务情况添加业务字段。常用的业务字段及其说明如表 7.2 所示。

表 7.2　常见的业务字段及其说明

业务字段	说明
文本类	单行文本、多行文本
数字类	整数、浮点数
枚举、布尔类	单选、多选、开关
日期类	日期、时刻
附件、图片类	附件、图片
实体类	关联其他实体记录
其他	密码、邮箱、地址等

（2）系统字段

通常，在低（无）代码平台中，系统字段不需要开发人员定义，在概念建模的过程中会自动生成系统字段。常用的系统字段及其说明如表 7.3 所示。

表 7.3　常用的系统字段及其说明

系统字段	说明
ID	每个对象的唯一标志，便于进行区分不同的对象
创建人	记录对象的创建人是谁，便于后续查询检索
创建时间	记录对象的创建时间，便于后续查询检索
修改人	记录对象的修改人是谁，便于后续查询检索
修改时间	记录对象的修改时间，便于后续查询检索

7.2.5　业务关系的定义

1. 什么是业务关系

如图 7.4 所示，展示了班级管理系统中存在的业务关系。

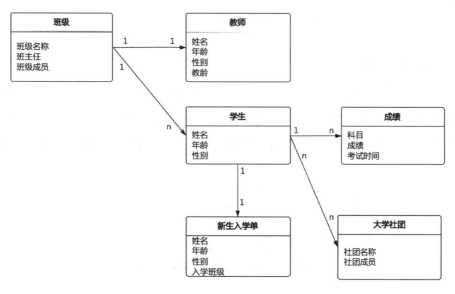

图 7.4　业务关系

下面介绍部分业务关系。

- 每个班级可设立一位教师作为班主任，每个教师只能是一个班级的班主任。
- 每个班级可拥有多个学生作为班级成员，每个学生只能属于一个班级，不能同时属于多个班级。
- 每个学生可参加多个大学社团，每个大学社团也可以拥有多名学生作为成员。

2. 业务关系的分类

（1）基数关系

常见的基数关系包括一对一关系、一对多关系和多对多关系。在上述业务场景中，涉及如下基数关系。

- 一对一关系：每个班级只能拥有一个教师作为班主任，每个教师只能担任一个班级的班主任，因此可以将班级和教师的关系抽象为一对一关系。
- 一对多关系：由于每个班级可以拥有多名学生，每个学生只能属于一个班级，因此可以将班级和学生的关系抽象为一对多关系。
- 多对多关系：每个学生可以参加多个大学社团，每个大学社团可以拥有多名学生作为社团成员，这种业务关系为多对多关系。

（2）关联关系

关联关系是一种引用关系，用于表示一类对象与另一类对象之间的联系。例如，班级和学生、学生和大学社团、订单和收货地址之间的关系都属于关联关系。如图 7.5 所示，每个订单都可以关联一个收货地址，同一个收货地址可以被多个订单所使用。

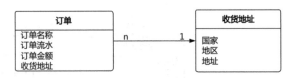

图 7.5　订单与收货地址的关联关系

（3）聚合关系

聚合关系描述了主对象和子对象之间的关系：主对象由多个子对象组成，但主对象和子对象的生命周期可以不同，即删除主对象时，子对象可以不被删除。例如，一台电脑由主机、键盘、显示器、鼠标组装而成，图 7.6 描述了电脑的聚合关系。即使电脑不存在了，键盘等子对象也依旧存在。

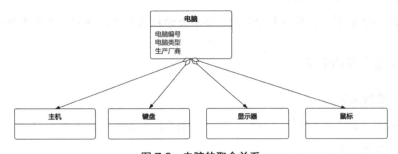

图 7.6　电脑的聚合关系

（4）组合关系

与聚合关系类似，组合关系也表示主对象和子对象之间的关系，但主对象和子对象的生命周期相同。即删除主对象时，也会同时删除子对象。图 7.7 描述了公司与部门之间的组合关系: 一个公司可有多个部门，当公司倒闭后，这些部门也将失去存在的意义。

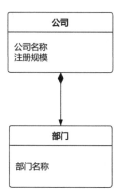

图 7.7　公司与部门之间的组合关系

7.2.6　其他定义

1. 定义校验规则

在向实体中新增或修改数据时，为了保证数据的有效性，可定义如下校验规则，对字段的值或字段间的逻辑关系进行校验。

- 设置字段不能为空。
- 设置文本类字段的字符长度。
- 设置数字类字段的最大值或最小值。
- 通过正则表达式，设置数据的录入规则。

2. 定义索引字段

在进行数据搜索时，并不是每种字段都可以被查询，只有索引字段才能被查询。在开发时就应定义索引字段。

3. 使用建模语言

UML 是一种常用的建模语言，用于描述事物的实体、属性、关系。

UML 中常用的关系包括关联、聚合、组合、泛化、实现和依赖。

4. 使用建模工具

ER 图（Entity Relationship Diagram），即实体联系图，是常用的建模工具之一，用于描述信息世界的概念模型。使用 ER 图可表示实体的类型、属性和关系。

7.3 查询与视图

7.3.1 使用场景

在实际的业务场景中，常常跨多个实体进行关联数据查询。例如，如果希望查询每个班主任的班级、姓名、年龄和教龄，则需要在班级数据表和教师数据表之间进行跨表查询。表 7.4 展示了跨表查询的内容。

表 7.4 跨表查询的内容

班级	姓名	教龄	年龄
1 班	张三	10	30
2 班	李四	5	25

通常情况下，在进行跨表查询时需要手动编写 SQL 语句。大部分低（无）代码平台也提供了可视化的跨表查询界面。

7.3.2　关键步骤

在低（无）代码平台中，实现跨表查询的步骤如图 7.8 所示。

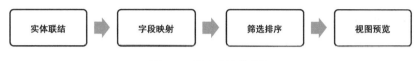

图 7.8　跨表查询的步骤

1. 实体联结

跨表查询是基于两个或两个以上的实体实现的。在查询数据时，必须联结两个实体。有如下两种联结实体的方式。

● 通过实体关联关系进行联结查询：例如，可通过班级和班主任两个实体之间一对一的关联关系进行联结。联结成功后，可通过班级实体中的记录，在班主任实体中找到对应的班主任信息。
● 通过设定关联条件进行联结查询：两个实体之间并没有关联关系，但可通过字段关联设定联结条件。

2. 字段映射

设定实体间的联结后，须设置查询字段的范围。可选择已经联结的两个实体的任意字段作为视图字段。

如图 7.9 所示，两个实体已联结，选择这两个实体中的任意字段作为视图字段。表 7.5 展示了视图字段。

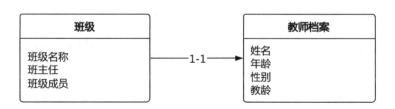

图 7.9　已联结的两个实体

表 7.5　视图字段

班级名称	班主任	性别	教龄
1班	张三	男	10

3. 筛选排序

（1）数据筛选

在查询数据时，如果不需要查询实体的所有数据，则应进行数据筛选。

（2）数据排序

设置视图数据的排序规则，如对教龄进行降序排序。

4. 视图预览

设置视图的权限，即设置可查询视图的权限范围。完成设置后，便可在前端页面中进行数据预览。

7.4　业务逻辑

7.4.1　什么是业务逻辑

在班级管理系统中，新生入学、学生班级调整、班主任任命等业务都有自己的业务逻辑。例如，新生入学的业务逻辑分成两个业务阶段：新生入学登记阶段和新生分班阶段，如图 7.10 所示。

- 新生入学登记阶段：需要新生提交新生入学登记，待所有新生提交新生入学登记后，进入新生分班阶段。
- 新生分班阶段：采用自动分班逻辑，根据每个专业的新生数量，确定班级个数。为了确保学生分班的随机性，最终的分班信息由相关人员进行审核。

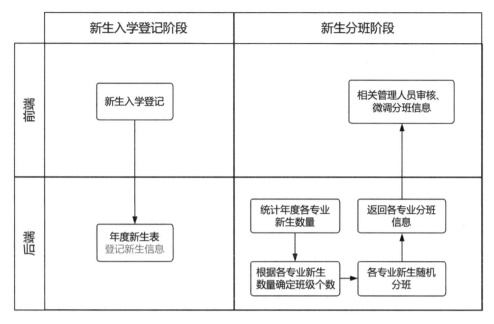

图 7.10　新生入学的业务逻辑

　　广义上的业务逻辑包含整体业务流程处理过程中的所有业务逻辑；但在低（无）代码中，常常会将业务逻辑再次细分为后端逻辑、前端逻辑、业务流程，其中自动分班的逻辑，可以理解为是后端逻辑。

7.4.2　业务逻辑的实现

　　在进行低（无）代码开发时，一般通过逻辑编排设计器实现业务逻辑。

1. 业务逻辑编排

　　业务逻辑编排是指将业务活动图形化，编排为类似流程图的形式。如表 7.6 所示，展示了常见的业务逻辑编排示例。

表 7.6　常见的业务逻辑编排示例

分类	操作	用途
全局	开始	定义业务逻辑的开始
	结束	定义业务逻辑的结束
	入参	定义业务逻辑的入参内容
	出参	定义业务逻辑的出参内容
	终止	终止异常
逻辑控制	分支	判断是否满足给定条件
	循环	对数组进行遍历
	跳出循环	不再执行循环的后续操作
	继续循环	跳过当前循环，进入下一个循环
	退出	退出接口，后续不再执行任何操作
实体服务	新增记录	向指定实体中新增一条或多条记录
	删除记录	删除指定实体的一条或多条记录
	更新记录	更新指定实体的一条或多条记录
	查询记录	在表单中查询记录，查询结果将存入临时变量，便于后续使用
	提交记录	将实体的临时记录提交至对应的表单中
	列表聚合	对列表进行计数、求和、求平均值、取最大值、取最小值等操作
变量	创建变量	创建一个临时变量，便于在节点流转中使用
	创建列表	创建一个列表，便于后续使用
	赋值变量	修改变量的值

2. 业务逻辑编排的调试

业务逻辑编排完成后，需要进行调试工作。入参不同，返回的结果不同，根据返回的结果进行调试。

7.5　工作流程

7.5.1　工作流程的应用场景

低（无）代码平台一般都会提供流程引擎进行工作流程的编排。表 7.7 介绍了工作流程的应用场景及其说明。

表 7.7　工作流程的应用场景及其说明

应用场景	说明
对表单进行审批流程	由各业务角色进行表单的审批，审批通过后，将实体数据更新至后端
业务流程编排	业务流程编排用于串联整体的业务流程，包括端到端的逻辑编排和后端业务逻辑

7.5.2　BPMN 2.0 规范

提到工作流程，就不得不提 BPMN 2.0 规范（简称 BPMN 2.0）。很多低（无）代码平台基于 BPMN 2.0 进行流程引擎的设计。在介绍工作流程的实现之前，须介绍 BPMN 2.0 的基本内容。

BPMN 2.0 是工作流程的建模语言规范之一。随着业务流程管理的发展，基于业务流程管理的常见问题，BPMN 2.0 总结出一系列工作流程的建模标准，在业务流程图方面提供统一的、易于理解的标准符号。通过这些符号，将业务建模流程简单化、图形化。

BPMN 2.0 包括流对象、连线、泳池、泳道、注释等基本元素。

1. 流对象

流对象由活动、网关、事件组成。

（1）活动

活动一般是指需要执行的任务节点。在工作流程中使用圆角矩形表示需要执行的任务。如表 7.8 所示，介绍了活动的图例与说明。需要人员参与执行的活动是人工活动，如审批；不需要人员参与，根据后端服务逻辑自动执行的活动是自由活动或子流程活动。

表 7.8 活动的图例与说明

活动	图例	说明
人工活动		表示业务流程中由人参与完成的工作。当引擎处理至该节点时，向指定用户（如部门、角色、小组）创建待处理的任务，等待用户处理
自动活动		调用 Web Service 等服务，自动执行后端服务
子流程活动	子流程名称	子流程被嵌入主流程中，可被主流程或其他流程调用

（2）网关

网关用于控制流程的走向。表 7.9 介绍了网关的图例和用途。

表 7.9 网关的图例和用途

网关	图例	用途
排他网关		作为分支节点时，用于切割顺序流，只会触发满足条件的第一个节点。如果有多个节点满足条件，则进入第一个满足条件的分支。作为汇聚节点时，只要有一个活动节点到达网关，就触发网关。如果有多个满足条件的顺序流进入网关，则会多次触发网关
并行网关		作为分支节点时，并行所有的外出顺序流，并为每个顺序流创建一个并发分支。作为汇聚节点时，所有到达网关的分支都在此等待，直到所有分支都到达，流程才会通过并行网关

续表

网关	图例	用途
包容网关	 ◇	作为分支节点时，执行满足条件的分支。作为汇聚节点时，所有并行分支到达包含网关，会进入等待状态，直到满足条件的所有分支都到达，流程才会通过并行网关

（3）事件

事件包括开始事件、中间事件和结束事件。事件影响着流程的流转。如表 7.10 所示，介绍了事件的图例、用途、举例。

表 7.10　事件的图例、用途、举例

事件	图例	用途	举例
开始事件	 ○	表示业务流程开始	✉表示消息开始事件，作用为接收消息并开始流程 🕐表示定时开始事件，作用为定时启动流程
中间事件	 ◎	表示流程中的中间事件	✉表示抛出消息 ✉表示捕获消息事件
结束事件	 ○	表示顺序流的结束	✉表示流程结束后发送消息

2. 连线

连线会将事件和活动节点连接起来，用于指定活动的执行顺序。连线的表示方法如图 7.11 所示。

图 7.11　连线的表示方法

3. 泳池和泳道

泳池用于描述工作流程中的参与者，泳道是在泳池的基础上进行细分得到的。图 7.12 为泳池、泳道的示意图。

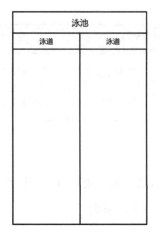

图 7.12　泳池、泳道的示意图

4. 注释

注释是建模人员提供附加文本信息的机制，图 7.13 为注释的示意图。

注释信息

图 7.13　注释的示意图

7.5.3　工作流程的实现

如图 7.14 所示，展示了工作流程的实现步骤。

图 7.14　工作流程的实现步骤

1. 定义表单或处理页面

工作流程中的人工活动节点需要人员参与。当人工活动节点的任务处理人处理任务时，需要有特定的前端页面进行人工活动的处理。例如，在表单审批场景中，接收到审批任务后会跳转至表单审批页面，此时的表单审批页面就是处理任务的前端页面。

在低（无）代码中，页面有如下两种处理方式。

（1）快速渲染表单审批页面

很多低（无）代码平台都支持这种方式，开发人员只需在开发对应的表单后，将指定的人工活动节点绑定至对应的表单，很多低（无）代码平台会把这个人工活动节点抽象为审批节点，流程引擎会自动基于审批模板进行渲染。表单审批流程分项及其说明如表 7.11 所示。

表 7.11　表单审批流程分项及其说明

分项	说明
处理人	定义处理任务的对象，即流程流转到该节点时，指定执行活动任务的对象
表单审批页面	处理任务时，表单审批页面的作用有如下两种。 • 人工节点绑定表单形成，自动基于模板渲染前端审批页面； • 设置表单字段权限、设置流程审批权限

（2）开发完整的前端任务处理页面

完整的前端任务处理页面主要用于复杂、个性化的任务，由开发人员自定义开发，并与流程编排中的活动节点进行绑定。

2. 定义流程触发方式

进行工作流程编排时，首先需要确定工作流程的触发方式，工作流程的触发方式包含 UI 触发、定时触发、业务事件触发和外部触发。

（1）UI 触发

UI 触发又称手动触发，即通过 UI 组件进行触发。触发场景包括导航菜单、工作台、页面中的按钮等。如表 7.12 所示，介绍了 UI 触发的触发场景及其说明。

<p>表 7.12　UI 触发的触发场景及其说明</p>

触发场景	说明
导航菜单	单击导航菜单中的申请单，发起申请
工作台	工作台中包含各种工作流程，单击对应的工作流程，直接发起对应的工作流程，填写对应的内容
页面中的按钮	单击页面中的按钮，发起指定流程

（2）定时触发

定时触发主要用于周期性的流程表单，如周期性发起周报表单、团队成员填写周报，此类场景下的需求包括在指定时间发起流程、指定相对时间发起流程、指定时间段内重复执行。如表 7.13 所示，展示了定时触发的分类与应用场景。

<p>表 7.13　定时触发的分类与应用场景</p>

分类	应用场景
指定时间发起流程	国庆节、季度末发起的流程
指定相对时间发起流程	入职时自动发起流程
指定时间段内重复执行	每周五发起周报填写流程、每个月的最后一天发起月报填写流程

（3）业务事件触发

业务事件触发是指监听业务事件后，进行触发流程。此类流程的触发，往往将业务参数传递至流程引擎中，流程引擎基于传入的业务参数进行流转。

（4）外部触发

被动接收其他系统的数据。当其他系统的数据发生变化后，将触发后续的工作流。一般通过 Webhook 进行外部系统的数据接入和流程触发。

3. 编排流程节点

编排流程节点包括编排人工节点和编排网关节点。

（1）人工节点的编排

人工节点的编排主要包含任务标题、任务处理人、处理对象。在审批场景下的人工节点，往往先绑定相应的表单，然后进行与表单相关的审批设定。如表 7.14 所示，描述了人工节点及其说明。

表 7.14　人工节点及其说明

人工节点	说明
任务标题	处理人接收任务标题，支持流程管理员进行设置
处理对象	填写或审批的对象
任务处理人	当前节点由谁处理
多人处理策略	设置多人处理时是并签还是会签
多人会签完成策略	设置多人会签时的完成条件，只有完成会签后才能向下流转
字段操作权限	包含编辑、只读、隐藏、必填等权限
流程动作	主要包括同意、否决、移交、知会、加签、减签
流程动作权限	当前节点的流程操作权限，如当前节点是否能转交
节点期限	定义节点期限，并执行相应的动作，如超时提醒，超时后执行动作
节点待办	产生任务实例时，向指定人员发送待办消息
自定义节点动作	定义任务完成时的节点动作

（2）网关节点的编排

网关节点主要用于流程的分割和汇聚，网关节点的编排用于设定特殊网关的规则和相应的分支条件。

① 排他网关

在进行流程的分割时，排他网关的后续分支只走一条路径。排他网关的编排包含如下内容。

● 设定后续分支的分支条件，只有满足条件的分支才会继续流转。
● 设置后续分支的优先级排序，当找到满足条件的分支后，就进入对应的分支，不再进行其他流转。

● 设置默认的分支，当所有分支都不符合条件时，进入默认分支。

② 并行网关

由于并行网关并列执行所有分支，并不考虑流程中的分支条件，所以并行网关只需添加网关节点并设置分支条件即可。

③ 包容网关

包容网关按照分支条件切分、汇聚流程。当包容网关作为分支时，流转所有满足条件的分支；当包容网关进行汇聚时，将等待所有满足条件的分支。

流程进入包容网关后，会进入满足分支条件的分支。因此包容网关的编排需要设置分支条件，用于条件性地选择后续分支。同时包容网关可设置默认分支，当所有分支都不满足条件时，将进入默认分支。

4. 测试发布流程

最后进行仿真测试，工作流程通过测试后进行发布。

7.6　用户界面的实现

低（无）代码的重要特性之一就是可视化开发，大多数用户界面的实现方式都是通过可视化拖曳或是无代码自动生成的。可视化开发具有一些显著的优势，如低成本、低门槛、高效等。本节主要介绍在使用低（无）代码平台进行开发时，用户界面的实现原理和实现方式。

7.6.1　用户界面的实现原理

用户界面可以理解为是由代码渲染而成的界面，根据开发语言、渲染引擎等不同，语法和结构可能会有差异，但并不影响用户界面的效果。低（无）代码本质上并没有改变这一特性，生成的用户界面也是一段代码片段。通过特定的代码渲染规则，可实现从代码到用户界面的呈现。

低（无）代码没有改变传统前端开发的模式，每个用户界面都可拆解成若干个元素层级，不同元素层级包含了特殊的组件以及组件间的特殊属性。用户界面实质上是一些代码片段，这些代码片段归属于一个个界面，每个界面可以拆分成若干个元素层级，其中包含了组件代码以及组件间的配置代码。代码片段通过特定的渲染规则渲染为前端样式，形成用户界面。用户界面的实现原理主要包含三部分：渲染引擎、组件库和可视化配置。

1. 渲染引擎

渲染引擎是用户界面实现的重要基础，也是组件和可视化配置实现的基础。渲染引擎的作用是解析代码片段，并将代码片段转为可视化元素。例如，将代码片段 input-text 放入 page 中，通过渲染引擎可以将这个代码片段渲染为一个带有输入框的页面。渲染引擎示例如图 7.15 所示，在代码片段中定义了类型为 page，title 为"标题"，body 中的元素是"Hello World!"，在渲染引擎的渲染机制下，形成了左侧的用户界面。因为渲染结果放在了一个很小的区域中，所以看起来并不像是个页面。如果将渲染结果在网页中展示，则会呈现一个完整的 Web 页面。

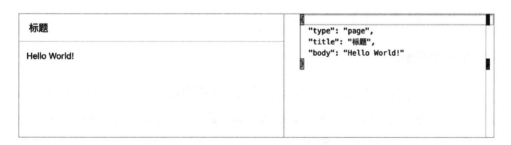

图 7.15　渲染引擎示例

2. 组件库

在使用流程、表单的企业办公场景中，组件库是低（无）代码平台的重要元素之一。组件库包括构成用户界面的各种组件。低（无）代码平台的组件数量差异较大，从十几个到几百个不等。一般来说，组件的数量越多，能满足的场景越多。一些平台支持较多的组件，从而满足不同的场景；一些平台扩展组件自定义的功能，通过引入外部组件或自定义生成组件的方式，增加组件的种类。从实战的角度来说，建议选择支持自定义生成组件的平台，灵活性会更高。表单组件的渲染效果如图 7.16 所示。在渲染引擎的渲染下，组件代码呈现出一个个可视化的组件，便于用户直观地选择需要的组件，无须关注组件背后的代码实现，这样就省去了写代码的时间，也体现了低（无）代码的价值。

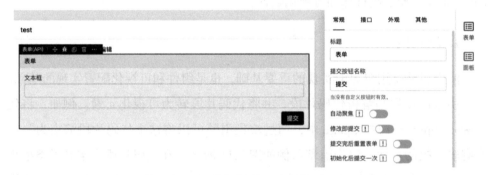

图 7.16　表单组件的渲染效果

部分低（无）代码平台还支持 IDE 驱动的用户界面高级开发模式。开发人员可在用户界面中直接在线编辑代码，除了编辑基础的组件样式，还可以编辑组件之间的联动关系与组件的后端逻辑。这种方式提高了用户界面设计的灵活性，也在一定程度上提高了低（无）代码平台的使用门槛。

3. 可视化配置

在低（无）代码平台中，属性配置是通过可视化配置完成的。每个组件都具备属性，对特定的属性赋值就可以实现属性的配置。低（无）代码平台为每一个组件都封装了属性配置项，通过点选、开关、输入等方式帮助开发人员完成属性配置，大大降低操作难度，没有基础的业务人员也可以基于可视化配置进行操作。

7.6.2　用户界面的实现方式

用户界面的实现原理是通过特定的渲染规则，将组件和配置的代码片段渲染出来。因此, 使用低 (无) 代码平台实现用户界面, 通常是通过拖曳组件的方式实现的。除此之外, 一些低 (无) 代码平台通过特定的配置信息, 可自动生成用户界面, 如基于数据结构直接生成对应的用户界面。下面详细介绍这两种实现方式。

1. 基于拖曳组件的方式生成用户界面

基于拖曳组件生成用户界面时, 主要包含三个环节: 选择所需的组件; 将组件拖曳到容器中; 并对特定的组件进行属性配置。拖曳的组件来源于组件库。在明确系统需求后, 所有的用户界面都可以按照模块进行拆分。当拆分至页面维度后, 可对每一个页面进行设计。每个页面在前端中都是一个 page, page 也是大多数低 (无) 代码平台默认的容器类型。

首先根据页面的布局,从组件库选中第一个目标组件,然后拖入到设计区 (内容区)。因为组件库中的组件大多是原子级组件, 所以在拖曳组件后, 都需要进一步完善配置, 这个配置工作是通过可视化配置实现的。每个组件支持配置的属性不一样, 大多数组件的可视化配置也不相同。不断拖曳组件和配置组件, 形成若干个组件的组合, 并预览页面的效果, 最后根据需求, 进一步完善页面。通过拖曳组件生成的用户界面如图 7.17 所示。

图 7.17　通过拖曳组件生成的用户界面

2. 基于数据结构自动生成用户界面

基于数据结构自动生成用户界面的功能逻辑较为简单，以增加、删除、修改、查找页面和表单为主，基于数据或字段信息自动生成列表页或表单页。

（1）页面类型选择

通常，根据数据结构自动生成用户界面的场景较为有限，主要包括实现列表页和表单页。在创建页面时，根据已有的数据结构生成用户界面，就可以自动生成用户可操作的页面。

- 列表页一般会自动生成对应的视图。列表页是用户界面的重要组成部分。
- 表单页主要用于填写信息、收集信息，填写的数据会关联到数据表上，便于快速管理。

（2）数据字段设计

生成列表页时，字段信息非常重要，首先要设计数据字段。在设计数据字段的过程中，要明确每个字段的类型、数据库名称、展示名称等信息。一些低（无）代码平台支持高级特性，如支持关联关系字段，便于实现更真实的数据库结构。一些低（无）代码平台支持外部数据库接入，通过将外部数据直接映射到低（无）代码平台中，快速完成字段设计。

（3）其他页面配置

在实际使用页面的过程中，可能会有一些特殊的配置。例如，列表页需要增加筛选搜索功能，表单页需要有字段顺序、交互样式等功能。结合用户需求，增加额外的配置。

第 8 章

运营与运维

用低（无）代码平台开发软件，并开始运行、使用软件后，就会涉及运营与运维的问题。

8.1 低（无）代码平台的运营与运维

8.1.1 低（无）代码平台的运营

运营是运转经营的意思。低（无）代码平台的运营是指利用先进的可视化技术，在很短的时间内构建体验良好的新应用，加速企业运营创新和数字化转型的速度。

在低（无）代码平台刚上线部署时，是没有业务数据的，需要有数据不断输入，整个系统才能运转起来。运营的目标是要保障公司业务的正常运转，为企业提供可持续的经营能力，技术是企业日常经营、流程运转的重要支撑，运营数据是企业管理、分析和决策的扎实基础。企业运营的范围通常包含组织与流程运营、产品与内容运营、用户与市场运营、产业与生态运营。

- 组织与流程运营是企业管理的重中之重。企业根据业务战略目标、市场扩展需求设置相应的组织机构、制定业务流程和管理规范。组织与流程运营会对企业的组织和流程进行动态化的调整和运营管理，以适应数字时代的高速化运转，使企业的组织结构更加灵活，可面向业务需求，进行轻量化改造与重组。

- 产品与内容运营是企业运营工作的核心。产品和内容运营是指以产品和内容为对象，满足用户对产品的个性化需求，精确寻找产品定位和消费场景的差异化，帮助企业产出更符合用户需求的产品和内容。产品与内容运营成功的关键是了解用户需求，借助数字化的系统和工具帮助企业完成用户需求数据的收集，了解消费者行为，并以此为依据设计和迭代相应的产品。企业通过产品与内容运营，和用户进行沟通，可为新产品的研发迭代、用户体验的提升提供更加明确的方向。

- 用户与市场运营和产品、内容运营相辅相成，用户即市场，用户与市场运营即通过用户行为大数据，借助数据中台与CRM等工具，与用户建立互动，实现与客户层的情感交流，了解真实的用户需求和市场趋势，积累用户口碑。

- 产业与生态运营是指企业在专注自身业务发展的同时，兼顾产业和生态的整体发展，帮助客户或合作伙伴找到新商机，厘清商业模式，从而扩大合作范围，建立围绕自身的生态系统。产业和生态运营的对象包括政府部门、行业协会、公益机构等，与这些对象形成良性的互动能助力企业构建数字生态共同体。

通过运营低（无）代码平台，企业可通过协同运营平台，实现如下核心能力。

（1）敏捷的组织架构能力

未来，企业的组织形态将会更加敏捷，"小组织大运营"是未来企业推动数字化管理变革的方向。随着人工智能、大数据、云计算的发展，人机协同的出现，新型数字化岗位的诞生，企业未来不再受时间和空间的限制，员工的协作方式也会更加灵活。协同运营平台可敏捷化组建团队、实现灵活的组织架构，为企业的高效运营提供平台支持。

（2）基于数据的智能化决策能力

借助神经网络和机器学习，运营平台可智能地自动处理复杂任务，不断提升智能化决策能力。简单的智能化决策示例如图8.1所示。通过分析数据发现问题，发现日常运营中的异常情况，不断提高企业管理效率，挖掘数据价值。

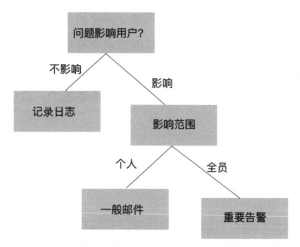

图 8.1　简单的智能化决策示例

（3）业务流程管理能力

企业通过流程化形式进行业务、财务等方面的综合管理，可以借助协同运营平台更清晰地展现数字化业务流程，实现对原有业务流程的重组和优化，提高企业的运营效率和质量。协同运营平台面向工作流、文件、信息流、业务和管理规则，建设相应的业务流程，同时支持多设备、多入口接入。

（4）业务定制能力

虽然在通用的应用场景，如移动办公、文档协作、视频会议等场景中，协同类工具和软件为企业提供标准化服务，但组织的协同运营需求各不相同，个性化的业务定制需求不容忽视。

低（无）代码平台可实现企业应用的二次开发，为不同的企业用户提供业务定制的服务。

（5）连接与集成能力

协同运营平台应具备强大的连接与集成能力，通过云 API 策略，开放应用程序编程接口，支持云端的可扩展性，连接、集成不同的业务模块。一方面，对内统一门户入口，连接不同业务系统的数据与流程，实现信息的交互和共享；另一方面，对外连接用户、供应商、合作伙伴，协调整个生态系统的数据交换与关键业务。

（6）内外部交互能力

在数字经济时代，企业内外部的生态系统都在快速升级。从企业原来的点状交互，发展为多层级的网状连接，进而形成立体化的生态系统。在满足数据安全的前提下，数据在生态系统中的交互共享的需求将更加频繁。协同运营平台应超越技术、边界的限制，从企业协同运营的维度出发，充分支持面向客户和生态系统的商业模式，帮助企业建立内外部交互能力和洞察能力，以适应数字经济时代的生态系统建设和运维。

8.1.2　低（无）代码平台的运维

运维是运行维护的意思。运维需要从硬件和软件层面，保障系统的正常运转。运维本质上是对业务系统资源进行高效、及时、精确的管理，从而保障系统的正常运行。

对于初创公司来说，运维工作可能包括申请域、购买或租用服务器、调整网络设置、部署操作系统、部署代码、部署监控、防止漏洞和攻击等。大型公司对运维工作的要求越来越高，也催生了更细化的运维分工。目前，可将运维分为网站运维、系统运维、网络运维、数据库运维、运维开发、运维安全等。

在低（无）代码平台中，运维工作主要包括如下内容。

- 监控：对服务的运行状态进行实时监控，随时监控服务的运行异常和资源消耗情况，输出日常服务运行报表，评估服务或业务整体的运行状况，发现安全隐患。
- 故障处理：对服务出现的异常进行及时处理，尽可能避免问题的扩大。运维工程师需要针对服务异常，如网络故障、程序bug等问题制订处理预案，当问题出现时，可自动或手动执行预案。除了日常故障，运维工程师还需要考虑产品受损后的修复。例如，出现地震等不可抗力导致机房大规模故障、在线产品被删除等情况时，运维工程师应采取相应的措施。
- 容量管理：服务规模扩张后，对资源评估、扩容、机房迁移、流量调度等进行规划。

- 产品性能优化：产品对外提供服务时，最重要的一点是用户体验，要尤其注重产品的可用性和响应速度。如何用最合理的资源（如机器、带宽等）提供良好的用户体验，这也是运维工程师的重要职责之一。
- 产品下线：发展良好的互联网产品将始终对外提供在线服务，但互联网产品迭代速度很快，也存在很多产品被淘汰的情况，这些产品都需要进行下线处理。运维工程师需做好资源回收工作，将机器或网络等资源回收后，纳入资源池供其他服务使用。

低（无）代码平台对应用进行创建、上线和维护。运维中心为维护应用提供相应的工具，包括应用的调试、运维、修改应用状态，并进行智能运维管理。低（无）代码平台提供全面的流程运维能力，能快速、准确地找到需调整的流程节点，根据不同角色，对流程进行监控管理，提供业务管理中台，保障流程管理的有效实施。

8.1.3　运营与运维的关系

低（无）代码平台的运维高度依赖于运营数据，通过数据制定各种环境的业务政策。

技术和应用的演进，使目前的 IT 环境发生了巨大的变化，运维管理的重点也从过去的"设备监控、程序预警"，转变为对企业业务发展的关注和支持。为了适应新的环境，运维管理的工作内容已发生巨大变化。只有深入了解客户的实际应用场景，不断优化，才能创造出满足用户和业务需要的运维产品。

低（无）代码平台能衍生出细分领域，帮助企业实现增效、增值的目标，这是从运维到运营的核心变化。低（无）代码平台是面向抽象模型的平台，将模型与业务两者合二为一的平台，实现智能联动的一体化平台。

运维数据可帮助组织优化运营流程。如今大多数企业的制度和业务都已流程化，通过对流程的效率数据进行分析，可发现流程的异常，便于企业持续优化流程、完善制度。

8.1.4　低（无）代码平台的运维与传统运维的不同

1. 运维范围不同

传统的运维工作包括安装和维护公司计算机、服务器系统软件、应用软件，同时为其他部门提供软、硬件技术支持。下面列出运维工程师的部分职责。

- 维护公司电话系统、视频会议系统、安防系统、办公电脑、打印机、投影仪等系统或设备。
- 负责网络的维护、管理、故障排除等，负责机房设备的日常巡检，确保网络的正常运作。
- 维护公司计算机、服务器系统软件和应用软件，同时为其他部门提供软、硬件技术支持。
- 解决各种软、硬件故障，定期提交报告。
- 维护数据库。

除了提供系统环境的运维工具，低（无）代码平台还需要提供专业的工具对业务进行调整和维护，如字段类型转换、监控应用上线运行状态、运行 SQL 语句。低（无）代码平台的运维具有以下优势。

- 无须高昂的建设成本与运维成本，性价比高。
- 一站式开发运维服务，部署成本低。
- 实现敏捷搭建和快速集成，大大缩短应用创建的周期。
- 降低代码产生的风险，确保运维安全。
- 支持以图形化的方式进行监控，更加直观。

2. 运维难点不同

传统的运维主要面临以下困难。

- 维护难度大：随着企业业务的增加，系统不断升级，运维复杂度增加，运维人员的压力较大。
- 技术人员流动性大：技术人员积累了大量经验，由于技术人员的流动，会造成企业系统维护的难度增大。
- 技术更新滞后：系统构架方案落后，在业务需求增长的同时，技术的应对能力有限。
- 成本高：除了业务部门，还需要建立专业的信息技术部门，维持业务系统的正常运转，这无疑增加了企业的负担。低（无）代码平台自身包含了平台的运维模块，使运维难度大大降低。

3. 对运维人员的要求不同

传统的运维工作需要运维人员具备一定的技术水平，低（无）代码平台的运维工作往往不需要有很深的技术背景。低（无）代码平台运维工作的重点是结合公司的业务，对平台进行维护。因此运维人员需要掌握低（无）代码平台的运维功能和企业的业务知识。

8.2 为什么要进行运营和运维

8.2.1 运营的重要性

未来，企业的竞争是围绕效率与速度的竞争，高效的产品、服务创新、商业模式创新和运营管理创新才能有效提高企业的竞争力。

过去，扩大规模、增加投资是企业实现增长的主要方式，但在数字经济时代，随着企业的信息化、数字化建设深入发展，每天都在产生海量数据，只有通过高效协同的精细化运营，才能激活企业动能。企业运营的驱动力影响因素占比如图 8.2 所示。

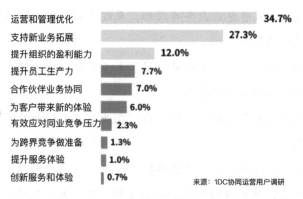

图 8.2　企业运营的驱动力影响因素占比

不少企业的运营现状不容乐观，图 8.3 为当前企业协同运营现状影响因素占比，值得注意的是，尽管"数字化用户体验没有明显改善"和"跨部门业务信息查询不畅"分别位列现状不足的第三、第四位，但在实际情况中，这两项对企业的影响居于前两位。

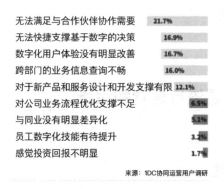

图 8.3　当前企业协同运营现状影响因素占比

低（无）代码平台的运营一般要实现以下目标。

● 快速迭代产品与服务：通过反馈机制不断迭代产品，从而满足用户需求，快速响应市场需求。

● 利用技术赋能员工：用数字化技术与工具充分赋能员工，将技术作为生产工具，改善员工的工作方式，为员工配备数字化的生产工具，从而提升员工的工作效率和组织的整体运行效率。

- 充分利用数据资产：将数据作为企业的重要资产，通过内、外部采集的数据，为企业带来利润，拓宽经营思路。
- 快速扩大用户规模：嗅觉灵敏的企业能在短时间内感知用户需求，通过完善的产品和服务设计方案，迅速扩大用户规模，并通过丰富的服务互动形式，保持用户数量的快速增长，从而快速占领市场。
- 不断提升客户的忠诚度：企业通过特定的信息服务吸引海量用户参与，搭建与用户沟通的桥梁。通过技术和信息服务，帮助客户实现价值，提升客户的忠诚度。

基于数据的精细化运营是落实企业战略、提升管理效率的重要途径。在数字技术的支持下，协同的深度与广度将直接决定企业的运营对象，只有充分发挥员工的能动性、积极性，才能激发企业增长新动能。

8.2.2 运维的重要性

目前，很多企业实现了一定程度的信息化。在大规模的信息化建设完成后，须长期处理系统在运行维护时出现的问题。系统的运行维护已成为各行各业普遍关注的问题。

随着互联网、人工智能等现代信息技术的不断发展，企业积累了海量的数据，员工数量日益增多，这些问题都提高了企业在管理和服务上的难度。企业在日常的管理和服务中经常会面临如下难题。

- 业务应用更新、迭代频繁，要耗费大量的人力和时间成本维护，应该如何进行优化？
- 如何获取各团队的情况，有什么方法可以自动收集、统一分析数据？
- 系统出现问题后，运维工程师定位排障的速度慢，有什么方法可快速找到问题？

上述问题不仅仅涉及技术问题，还会涉及组织分工、流程管理等企业的日常运作。因此，运维管理应运而生。运维管理是指相关部门使用方法、手段、技术等，对软件运行环境、硬件运行环境、业务系统和运维工程师进行综合管理。

总体来看，运维包括保障与优化这两个根本目的。保障是为了使系统稳定、安全地运行。如果系统不能正常运行，则会产生不可逆转的后果。当系统出了问题，通过运维管理平台可以及时提醒，也能对潜在的风险进行预警。具体可从如下方面进行运维。

（1）实现高可用的架构

虽然在项目实施阶段就应该设计高可用的架构，但在实际的项目运行过程中，大部分企业因为自身技术能力的不足，系统架构存在不合理或考虑不周的地方，需要在运维阶段对系统架构持续进行完善。

（2）实时监控与预防性维护

实时监控通过监控工具和技术人员共同完成。监控工具包括动环系统、硬件监控、APM 等，监控工具具备监控和预警功能，可在出现事故前进行预警，避免发生严重事故。企业还需要雇佣能熟练应用监控工具的技术人员，对出现的问题进行诊断与处理。

（3）处理日常问题

处理日常问题是目前大部分运维工作的重点，包括快速响应、解决用户的问题、提升用户满意度。处理日常问题可引入 ITIL 的核心流程，如事件管理、问题管理、变更管理、服务级别管理等。除此之外，还可部署 ITSM 进行管理。

运维要不断进行优化。优化是指在保障稳定的前提下，创造更多价值。可以从如下方面进行优化。

- 系统优化：对日常的运维工作进行分析，进行功能改进或效率优化。
- 业务优化：在日常维护过程中，要关注业务与系统之间的匹配情况，对于可优化的业务，可以向业务部门提出改进意见。例如，因为业务设计的复杂性，导致数据中台的系统数据调用难度大、运行缓慢，通过业务优化，加快调用数据的速度，从而加快运行速度，提升用户体验。

- 管理优化：规范运维管理流程，提供分工合理的运维服务，通过自动化手段提升运维效率。

在运维工作中，事后控制不如事中控制，事中控制不如事前控制。如果能把运维的日常巡检看作天气预报，则可提前预知可能到来的暴风雨，提前获知潜在的风险，并把故障处理变为主动的风险预防，发现故障的概率就会小很多，运维的价值也可以发挥到最大。

运维可带来以下价值。

- 提升运维效率：建立清晰的服务支持全局视图，流程平台化可提升运作效率，减少沟通成本。SLA 机制加快解决问题和履行服务的速度，清晰的服务目录和自动化请求，使服务化繁为简。
- 提升运营效能：尽可能将重复化的工作自动化。
- 降低运维风险：全程管控业务，减少低级错误，提升风险管理水平。

第 9 章

清华数为低代码开发工具案例

9.1 需求分析

本章以清华数为低代码开发工具（DWF）为例，介绍如何利用 DWF 建立一个搅拌车管理系统。该系统的目标用户是设备管理员和维修工程师。

设备管理员的核心需求是希望在网页和手机上对设备列表、设备卡片、设备地图等数据进行处理，能添加新设备、查看设备、对设备故障进行报修；维修工程师的核心需求是希望以工单的形式处理工单详情、查看工单、查看设备，并能记录故障设备、故障部位、负责部门等数据。

搅拌车管理系统的用户角色图如图 9.1 所示。

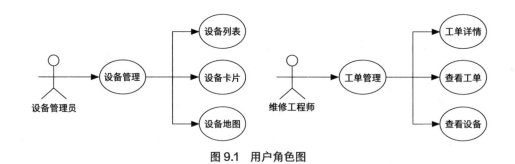

图 9.1 用户角色图

该系统使用的实体类包括设备实体类和工单实体类。设备实体类记录搅拌车的信息，如设备名称、设备类型、设备状态、设备描述、设备图片等。工单实体类记录工单的信息，包括故障设备、故障部位、负责部门、负责工程师等。实体类数据模型如图 9.2 所示。

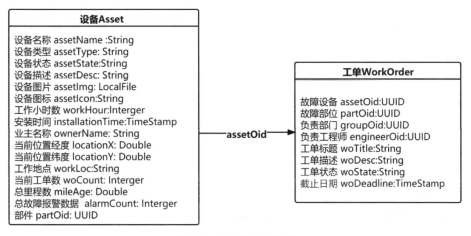

图 9.2　实体类数据模型

9.2　建立数据模型

根据上述的实体类数据模型，可使用如下两种方式建立数据模型。

- 使用 Excel 文件创建实体类。
- 新增实体类。

1. 使用 Excel 文件创建实体类

记录搅拌车设备信息的 Excel 文件如图 9.3 所示。

id	assetName	assetType	installati	assetState	workHour	woCount	mileAge	alarmCount	locationX	locationY	assetIcon	partOid
代号	设备名称	设备类型	安装时间	设备状态	工作小时数	当前工单数	总里程数	总故障报警	位置经度	位置纬度	设备图标	部件
BC1010313107	搅拌车	搅拌车	2020/1/1	已创建	485	0	958	7	120.552902	36.852635	https://s2.	34AC734FBFB2294E852EE50B54C00831
BC1010313108	搅拌车	搅拌车	2020/1/2	已创建	77	0	174	10	114.4076	30.654443	https://s2.	34AC734FBFB2294E852EE50B54C00831
BC1010313109	搅拌车	搅拌车	2020/1/3	已创建	266	0	734	2	112.531043	37.632802	https://s2.	34AC734FBFB2294E852EE50B54C00831
BC1010313110	搅拌车	搅拌车	2020/1/4	已创建	1483	0	48	10	112.5778	37.778142	https://s2.	34AC734FBFB2294E852EE50B54C00831
BC1010313111	搅拌车	搅拌车	2020/1/5	已创建	353	0	58	8	114.357005	30.61812	https://s2.	34AC734FBFB2294E852EE50B54C00831
BC1010313112	搅拌车	搅拌车	2020/1/6	已创建	1500	0	393	2	114.450108	30.516898	https://s2.	34AC734FBFB2294E852EE50B54C00831
BC1010313113	搅拌车	搅拌车	2020/1/7	已创建	1277	0	617	2	112.57546	26.913432	https://s2.	34AC734FBFB2294E852EE50B54C00831
BC1010313114	搅拌车	搅拌车	2020/1/8	已创建	911	0	654	9	114.461973	22.732098	https://s2.	34AC734FBFB2294E852EE50B54C00831
BC1010313115	搅拌车	搅拌车	2020/1/9	已创建	732	0	309	7	112.550575	37.71827	https://s2.	34AC734FBFB2294E852EE50B54C00831
BC1010313116	搅拌车	搅拌车	2020/1/10	已创建	323	0	843	2	114.419883	30.633945	https://s2.	34AC734FBFB2294E852EE50B54C00831
BC1010313117	搅拌车	搅拌车	2020/1/11	已创建	955	0	210	10	114.450528	30.518377	https://s2.	34AC734FBFB2294E852EE50B54C00831
BC1010313118	搅拌车	搅拌车	2020/1/12	已创建	1123	0	991	1	112.573043	26.89954	https://s2.	34AC734FBFB2294E852EE50B54C00831
BC1010313119	搅拌车	搅拌车	2020/1/13	已创建	1032	0	932	3	113.123355	36.34666	https://s2.	34AC734FBFB2294E852EE50B54C00831
BC1010313120	搅拌车	搅拌车	2020/1/14	已创建	1013	0	355	3	114.464707	30.523122	https://s2.	34AC734FBFB2294E852EE50B54C00831
BC1010313121	搅拌车	搅拌车	2020/1/15	已创建	1246	0	998	4	112.574647	37.730908	https://s2.	34AC734FBFB2294E852EE50B54C00831

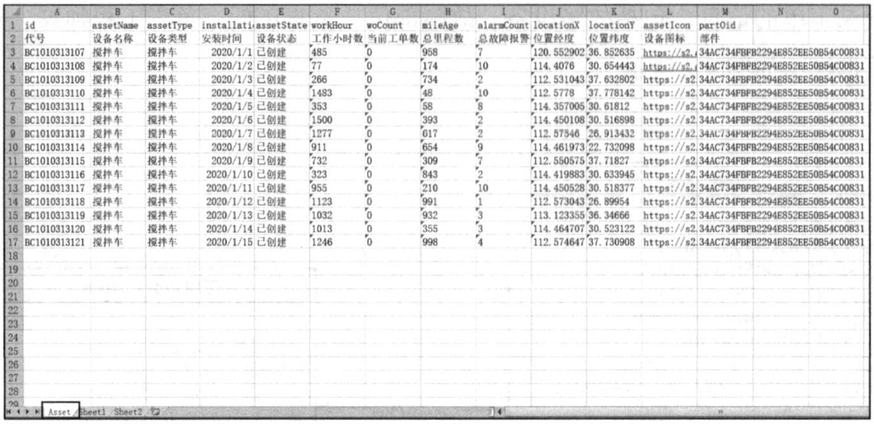

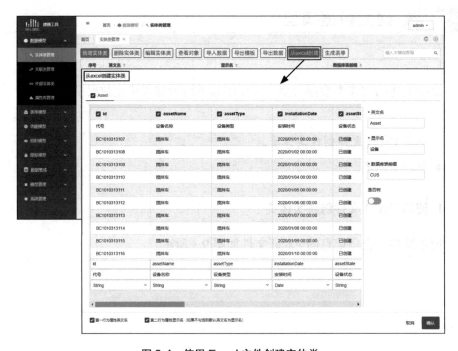

图 9.3　Excel 文件

如图 9.4 所示，打开 DWF 主界面，在左侧菜单中，选择“数据模型”→“实体类管理”菜单命令，单击“从 excel 创建”按钮，将弹出“从 excel 创建实体类”对话框。在对话框中选择要导入的 Excel 文件，单击“确认”按钮，即可创建设备实体类。

图 9.4　使用 Excel 文件创建实体类

单击"编辑实体类"按钮，在打开的"编辑实体类"对话框中可以查看实体类的创建时间、创建人、设备名称、设备类型、安装时间等属性，如图 9.5 所示。

图 9.5　"编辑实体类"对话框

如果需要新增属性，则可在"编辑实体类"对话框中，单击"新增属性绑定"按钮。如图 9.6 所示，在"属性名称"文本框中填写"assetDes"，在"显示名称"文本框中填写"设备描述"，在"数据类型"下拉列表中选择"String"选项，在"默认控件"下拉列表中选择"文本框"选项，在"查询方式"下拉列表中选择"文本模糊查询"选项，在"排序"文本框中填写"100"，单击"新建并绑定属性"按钮，即可新增属性。

图 9.6　新增属性

2. 新增实体类

如图 9.7 所示，打开 DWF 主界面，在左侧菜单中，选择"数据模型"→"实体类管理"菜单命令，单击"新增实体类"按钮，弹出"新增实体类"对话框，在"英文名"文本框中填写"WorkOrder"，在"显示名"文本框中填写"工单"，在"数据库表前缀"文本框中填写"CUS"，单击"确认"按钮，即可新增工单实体类。

图 9.7 新增工单实体类

如图 9.8 所示，单击"编辑实体类"按钮，即可新增工单实体类的属性。在打开的"编辑实体类"对话框中填写相应的信息，单击"新建并绑定属性"按钮，即可新增工单实体类的属性。

除了对实体类进行建模，DWF 还支持复杂的产品结构和关联关系建模，并可以引入外部系统的数据。

图 9.8　新增工单实体类的属性

9.3　建立表单模型

DWF 提供 7 大类、51 种控件，覆盖多种数据展示场景，这些控件支持数据的无缝对接，使开发人员的精力集中在需求的获取工作上。

在 DWF 中，表单（Form）用于展示实体类，通常由一个或多个表单控件（Form Control）组成。表单控件用于显示对象的某个属性或多个对象的列表。表单控件有如下属性。

● 控件设置（Control Settings）：设置控件的特性。

● 控件样式（Control Styles）：设置控件的外观样式。

● 控件事件（Control Events）：设置控件的行为。每个控件有若干事件。

下面介绍如何通过建立表单模型，从而对实体类数据进行维护。

在 DWF 主界面的左侧菜单中，选择"数据模型"→"实体类管理"菜单命令，单击"生成表单"按钮，DWF 会根据数据模型，生成用于维护的设备管理表单和工单管理表单。

如图 9.9 所示，在 DWF 主界面的左侧菜单中，选择"表单模型"→"实体类表单管理"菜单命令，即可查看刚刚创建的设备管理表单和工单管理表单。设备管理表单用于展示大量设备的信息，工单管理表单用于展示单个设备的具体信息。

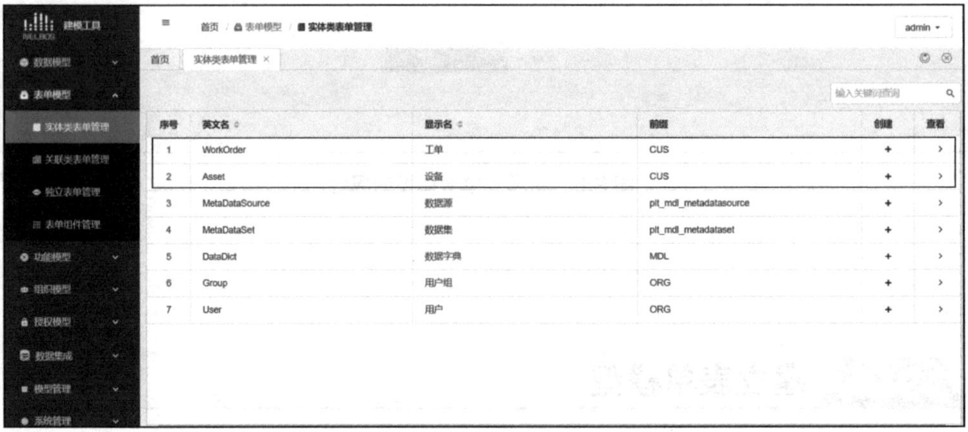

图 9.9　设备管理表单和工单管理表单

9.3.1　创建 PC 端表单

生成的设备管理表单包括单对象表单（AssetSingle）和多对象表单（AssetMulti）这两个默认表单。单击表单右侧的"❯"按钮即可查看默认表单，如图 9.10 所示。

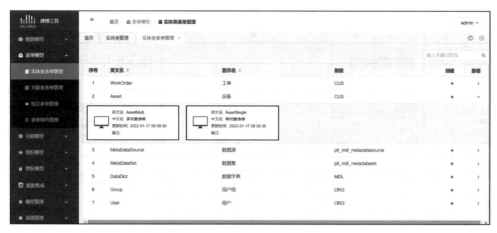

图 9.10　设备管理的默认表单

如图 9.11 所示，开发人员可尝试直接编辑设备管理表单。将鼠标悬浮于表单上方，将出现三个按钮。

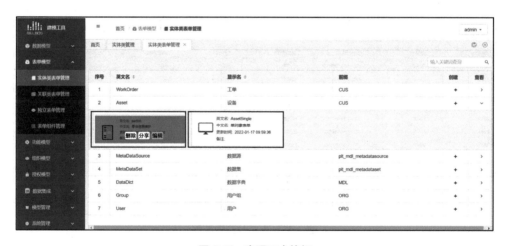

图 9.11　出现三个按钮

单击"编辑"按钮，进入表单定制页面。将控件区的控件拖曳到画布区。在属性区中，在"目标类"下拉列表中选择"设备"选项，单击"分享"按钮，弹出"分享信息"对话框，如图 9.12 所示。单击"前往预览"按钮，即可预览表单的编辑效果，如图 9.13 所示。

图9.12 "分享信息"对话框

图9.13 表单的编辑效果

控件区提供的控件分为布局、单对象控件、多对象控件和可视化控件，如图9.14所示。

如图9.15所示，开发人员可从控件区拖曳控件到画布区中进行编辑，在画布区中对控件进行布局，在属性区对控件的属性进行设置。

图 9.14　控件区提供的控件

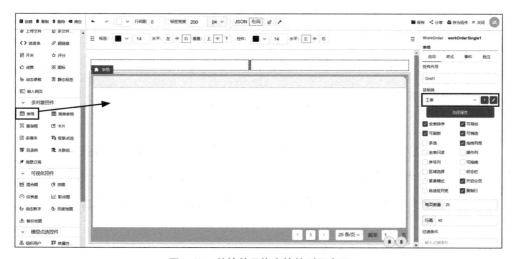

图 9.15　从控件区拖曳控件到画布区

现在创建一个新的表单。如图 9.16 所示，在 DWF 主界面的左侧菜单中，选择"表单模型"→"实体类表单管理"菜单命令。单击表单右侧的"＋"按钮，弹出"创建表单"对话框,在"表单名（英文名）"文本框中填写"workOrderSingle1",在"显示名（中文名）"文本框中填写"工单详情"，单击"确认"按钮。

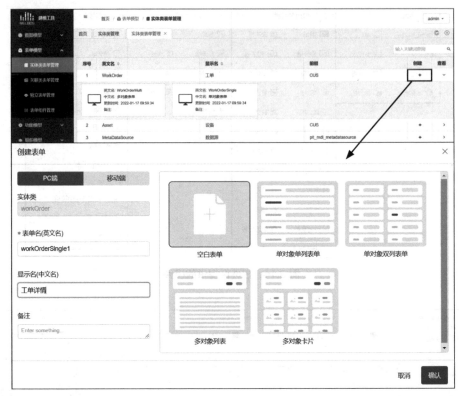

图 9.16 创建新表单

　　进入表单定制页面，将两个"分组框"控件拖曳至画布区，分别将这两个"分组框"控件的名字修改为"基本属性"和"工作内容"。为"基本属性"分组框拖曳三个"多列"控件，为"工作内容"分组框拖曳一个"多列"控件，如图 9.17 所示。

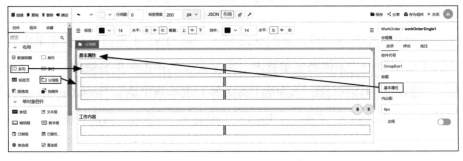

图 9.17 "基本属性"和"工作内容"分组框

在"基本属性"分组框中拖曳"选择框""组织用户""日期框"控件。在"工作内容"分组框中拖曳"上传文件"控件和两个"文本框"控件，如图 9.18 所示。

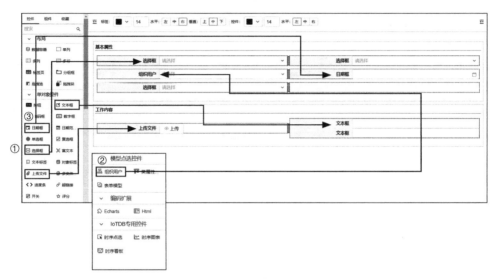

图 9.18　拖曳控件

在属性区中，可绑定控件的属性和新增属性。单击"基本属性"分组框的第二个选择框，在属性区的"目标属性"下拉列表中选择"故障部位"选项，"标签名称"文本框中的内容会自动更改为"故障部位"，如图 9.19 所示。

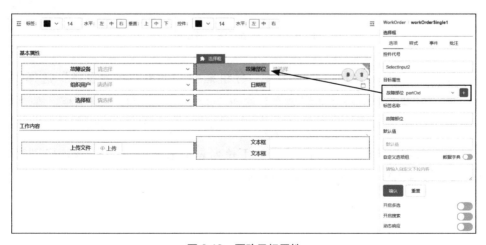

图 9.19　更改目标属性

如图 9.20 所示，在"工作内容"分组框中单击"上传文件"选择框，在属性区中单击"目标属性"下拉列表右侧的"■"按钮，弹出"新增属性"对话框，在"属性名称"文本框中填写"woImg"，在"显示名称"文本框中填写"工单照片"，在"数据类型"文本框中填写"LocalFile"，单击"确认"按钮。

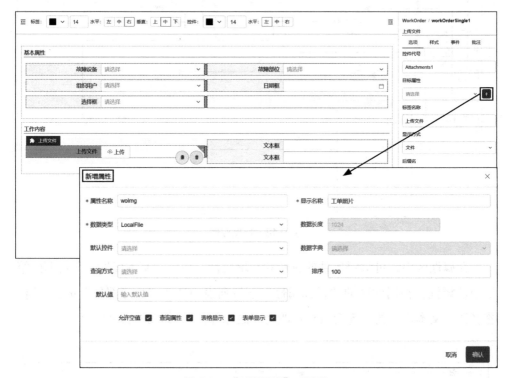

图 9.20 "新增属性"对话框

如图 9.21 所示，在"基本属性"分组框中，单击"故障设备"选择框，在右侧的属性区中单击"数据字典"按钮，弹出"目标属性"对话框。在"引用类"下拉列表中选择"设备"选项，在"浏览字段"下拉列表中选择"代号"和"设备名称"选项，在"回填字段"下拉列表中选择"全局唯一标识"选项。PC 端表单最终的编辑效果如图 9.22 所示。

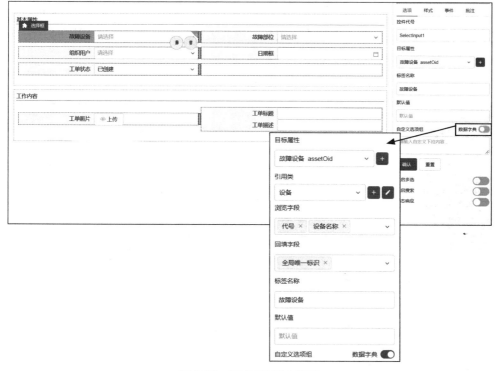

图 9.21　"目标属性"对话框

图 9.22　PC 端表单最终的编辑效果

9.3.2　创建移动端表单

移动端表单用于支持手机端的表单浏览。如图 9.23 所示，在 DWF 主界面的左侧菜单中，选择"表单模型"→"实体类表单管理"菜单命令，单击表单右侧的" + "按钮，弹出"创建表单"对话框。单击上方的"移动端"按钮，在"表单名（英文名）"文本框中填写"assetCard"，在"显示名（中文名）"文本框中填写"设备卡片"，单击"确认"按钮，进入表单定制页面。使用同样的方法可以创建移动端的工单管理表单。

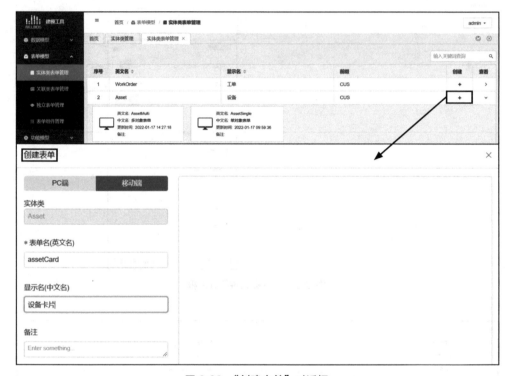

图 9.23 "创建表单"对话框

如图 9.24 所示，拖曳控件区的"轮播"和"商品卡片"控件至画布区，选定"轮播"控件，在右侧的属性区中，将"轮播项 1""轮播项 2""轮播项 3"的类型设置为"图片库"，单击"图片库"下拉列表下方的空白文本框，将弹出"图片管理器"对话框，从本地图库中选定名为"搅拌车 4.jfif"的图片进行上传，单击"上传"按钮。使用同样的方法上传"轮播项 2"和"轮播项 3"的搅拌车图片。

移动端表单最终的编辑效果如图 9.25 所示。

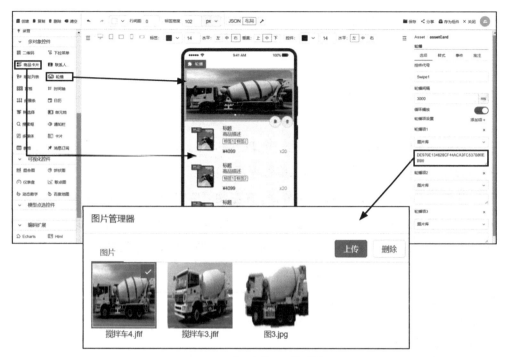

图 9.24 "图片管理器"弹窗

图 9.25　移动端表单最终的编辑效果

9.4 创建应用

9.4.1 创建 PC 端应用

以搅拌车管理系统为例，创建一个 PC 端应用。根据搅拌车的基本功能，搅拌车管理系统应包括设备管理和工单管理两种功能。

如图 9.26 所示，打开 DWF 主界面，在左侧菜单中，选择"功能模型"→"应用管理"菜单命令，单击"新建应用"按钮，单击"PC 端应用"，弹出"新建PC 端应用"对话框，在"应用名称"文本框中填写"搅拌车管理"。

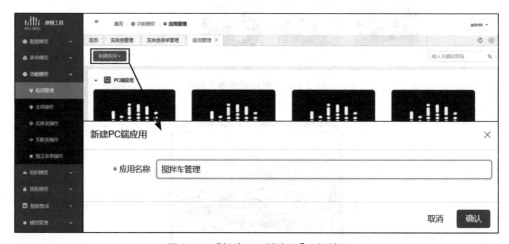

图 9.26 "新建 PC 端应用"对话框

单击"确认"按钮后，将打开如图 9.27 所示的界面。单击"创建根组"按钮，弹出"创建根组"对话框，在"分组名"文本框中填写"设备管理"，单击"确认"按钮。使用同样的方式创建工单管理根组。

创建根组后的界面如图 9.28 所示，单击"绑定表单"按钮，打开"绑定表单"对话框。在"菜单名"文本框中填写"设备列表"，在"选择分组"下拉列表中选择"设备管理"选项，在"表单名称"下拉列表中选择"AssetMulti"选项，单击"确认"按钮。

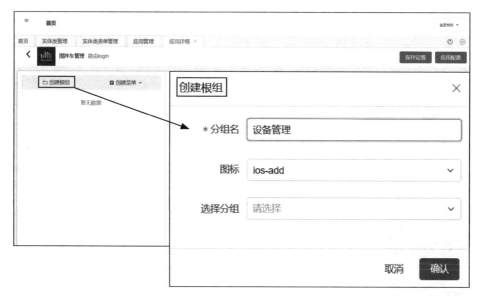

图 9.27　"创建根组"对话框

图 9.28　"绑定表单"对话框

如图 9.29 所示，单击"路由 login"按钮，可查看搅拌车的信息。

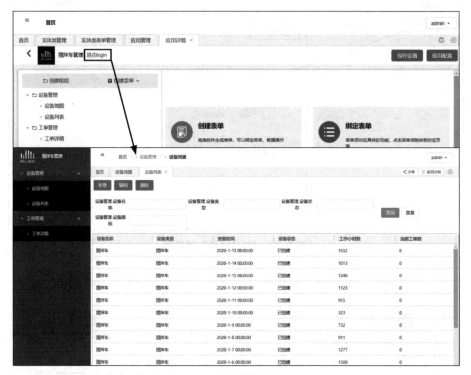

图 9.29　查看搅拌车的信息

9.4.2　创建移动端应用

打开 DWF 主界面，在左侧菜单中选择"功能模型"→"应用管理"菜单命令，单击"新建应用"按钮，单击"移动应用"，弹出"新建移动端应用"对话框，如图 9.30 所示。在"英文名称"文本框中填写"agiloMgn"，在"中文名称"文本框中填写"搅拌车管理"，单击"确认"按钮。

在完成上述步骤后，将打开如图 9.31 所示的界面，单击"添加标签"按钮，弹出"操作配置"对话框，在"显示名"文本框中填写"设备卡片"，在"目标类"下拉列表中选择"设备"选项，在"表单名称"下拉列表中选择"assetCard"选项，单击"确认"按钮。

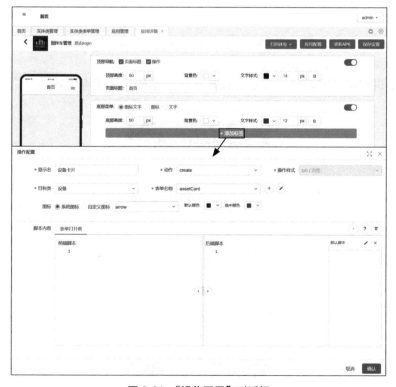

图 9.30　"新建移动端应用"对话框

图 9.31　"操作配置"对话框

在完成上述步骤后，将打开如图 9.32 所示的界面。单击"设为默认"按钮，将设备设为默认选项。单击"保存设置"按钮，保存上述设置。单击"扫码体验"按钮，将弹出二维码，可用手机扫描二维码，体验移动端应用或下载安卓 apk 程序。

图 9.32　单击"扫码体验"按钮将弹出二维码

用手机扫描二维码后，可显示如图 9.33 所示的移动端应用效果。

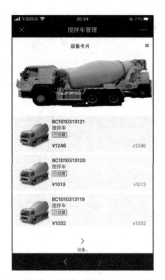

图 9.33　移动端应用效果

9.5　组织模型与权限模型

组织模型用于用户登录认证和组织管理信息认证，权限模型支持与外部认证系统集成。使用组织模型和权限模型可实现统一认证、单点登录、集中授权管理等功能。

1. 组织模型

组织模型支持用户管理、用户组管理、在线管理等功能。通过用户管理和用户组管理功能可创建、编辑、删除、查看用户和用户组；通过在线管理功能，可查看当前用户的登录情况，甚至可强制用户下线。

若想实现设备管理功能，则要创建设备管理员用户组。根据业务需要，可创建多名用户，使这些用户归属于设备管理员用户组。

如图 9.34 所示，打开 DWF 主界面，在左侧菜单中，选择"组织模型"→"用

图 9.34　"新增用户"对话框

户管理"菜单命令，单击"新增"按钮，弹出"新增用户"对话框，在"用户名"
文本框中填写"ZhangSan"，并填写显示名、密码、邮箱等信息，并在"所属用户
组"下拉列表中选择"设备管理员"选项，单击"确认"按钮，即可创建名为张
三的设备管理员，并将张三归属于设备管理员用户组。

2. 授权模型

设备管理员可添加、删除、修改、查看用户。现有一些维修工程师需要使用
查看功能。在 DWF 中，可通过功能授权，为维修工程师进行授权。

如图 9.35 所示，打开 DWF 主界面，在左侧菜单中选择"授权模型"→"基
于功能授权"菜单命令，在右侧的菜单中选择"搅拌车管理"→"底部模块"→"设
备卡片"菜单命令，单击"设备卡片"右侧的"⊞"按钮，弹出"添加规则"对
话框。在"选择用户（组）"下拉列表中选择"ZhangSan（张三）"选项，单击"确
认"按钮，即可将张三的权限授权给维修工程师。

图 9.35　将张三的权限授权给维修工程师

除此之外，DWF 还提供其他授权模型，如基于组织授权、数据访问控制、
属性授权、对象授权。

9.6　模型的打包与发布

为了在不同的项目中重复使用模块，DWF 允许开发人员设置快照，并将快照导出为模型包。模型包中包含 DWF 的模型元素，包括组织、数据、表单、功能和授权，用户可以在现有的模型包中选择模型元素。通过上传模型包功能，可与另外的模型包合并模型，实现功能迁移。

模型包的特点如下。

- 打包下载模型元素，重复利用建模成果，实现快速部署。
- 自动依赖分析和检测冲突，有效防止模型元素的缺失。
- 模型管理有助于持续集成和持续发布。

模型包中的数据包括实体类、关联类、实体类表单、关联类表单、实体类操作、关联类操作、应用通道、模块、功能操作、授权项、用户、用户组、授权规则、初始化脚本等。

模型包管理包括新建模型包和上传模型包。

- 新建模型包：基于自动依赖分析功能，可将要打包的模型打包为模型包。
- 上传模型包：可将目标机器的模型包释放到本地机器上，可下载、删除、释放模型包。

如图 9.36 所示，打开 DWF 主界面，在左侧菜单中选择"模型管理"→"模型包管理"菜单命令，单击"新建模型包"按钮，打开"新建模型包"对话框。在"新建模型包"对话框中选择"数据模型"→"实体类"菜单命令，勾选"WorkOrder：工单"和"Asset：设备"选项；选择"表单模型"→"实体类"菜单命令，勾选"WorkOrder：工单"和"Asset：设备"，单击"自动依赖分析"按钮，单击"确定"按钮，即可创建如图 9.37 所示的模型包。

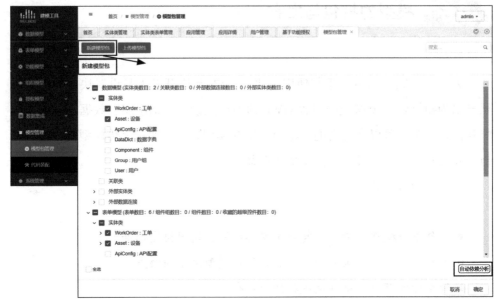

图 9.36 "新建模型包"对话框

图 9.37 创建的模型包

9.7　小结

本章以搅拌车管理系统为例，介绍了DWF的基本用法。使用DWF建立数据模型和表单模型，对PC端应用和移动端应用进行定制，并简单介绍移动端表单的创建。在此基础上，在组织模型中建立了名为张三的用户，并对张三进行模型授权管理，最后生成了模型包。

读者可以通过访问大数据系统软件国家工程研究中心网站，详细了解DWF的使用方法。

第 10 章

低（无）代码的发展趋势

10.1 低（无）代码和数字化转型的关系

数字化转型是 21 世纪全球技术革命的重大推动力之一，也是推动社会形态变革的重大事件。消费端数字体验不断优化，企业逐渐意识到自身的信息化水平与用户需求之间存在巨大的差距。与此同时，由于传统信息化建设的局限性，导致数据孤岛的问题越来越严重。互联网企业通过大数据技术获取利润，传统企业发现自己虽然拥有大量数据，但是无法获取利润，更无法形成数据智能。面对这种局面，传统企业不得不积极拥抱技术革命，以数字化转型的方式实现自我救赎，并在博弈中重新获得主动权。

然而，与拥有大量人才的互联网公司不同，传统企业往往缺乏信息化人才。数据驱动的前提是软件驱动，如果没有强大的软件开发能力，则无法实现数字化转型。

除了技术层面的缺点，传统企业在商业模式和经营理念上也有滞后性。传统企业的业务模式普遍注重固定资产，忽视无形资产和虚拟资产的价值。另外，传统企业无法跟上买方市场客户的挑剔口味，不能适应数字化时代"以快打慢"的竞争逻辑，仍停留在传统经营模式中。

面对数字化转型带来的挑战，企业需要从战略、组织、流程、方法以及工具等方面完成数字化转型，如图 10.1 所示。这为企业的顶层设计、资源和能力都带来了巨大的挑战。

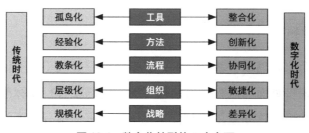

图 10.1 数字化转型的 5 个方面

10.2 低（无）代码平台的现状

低（无）代码平台的现状可概括为如下三点。

1. 提供商种类多

低（无）代码已被公认为与云计算、人工智能、物联网并列成为数字化领域的四大关键技术之一，许多企业都期望在低（无）代码领域取得成就。目前，低（无）代码平台的提供商主要分为以下几类。

- 低（无）代码的先驱者企业：在低（无）代码变成热门技术之前，这些先驱者企业在低（无）代码领域已经耕耘数十年之久。
- 传统开发工具厂商：经过多年的积累，这些厂商支持的低（无）代码平台已相对成熟，技术实力通常较强，能理解复杂系统的构建需求。
- 应用软件厂商：提供 OA、CRM、ERP、MES 等类别的软件。由于原生应用的特征限制，应用软件厂商提供的低（无）代码平台通常具有一定的局限性。
- BPM 厂商：提供快速构建简单应用的技术，提供的低（无）代码平台易用性极高，在构建简单数据模型的应用时，优势非常明显。
- 非开发工具的技术供应商：BI、RPA 等产品也提供了简单的低（无）代码平台。
- 互联网公司和大型科技公司：这些公司拥有较强的实力和全领域布局的战略意识。为了满足市场需求，低（无）代码已成为必须掌握的技术。

2. 缺少行业标准

由于低（无）代码属于新兴技术，大多数用户对低（无）代码的认识就是使用拖曳操作编辑页面和流程。目前低（无）代码没有行业标准，甚至没有形成普遍的业界共识，这导致用户对低（无）代码市场没有清晰的认知，企业也不明确自己的发展方向。由于缺乏行业标准，出现了大量被主流供应商视为伪低（无）代码的"搅局者"，这些"搅局者"技术含量低，研发成本低，产品的价格也低，竞争手段没有底线，这扰乱了低（无）代码的市场环境。

3. 中国企业在技术创新方面进入全球第一梯队

中国企业在低（无）代码领域由跟随者转变为引领者，在技术创新方面已进入第一梯队。中国不仅具备广泛的低（无）代码应用场景，还拥有大量软件设计人员和开发人员，中国企业也具备非常强的学习能力和创新能力。

中国的低（无）代码企业成功的原因有如下两点。

- 中国的互联网行业非常发达，拥有大量精通云原生技术的开发人员，他们对云原生技术的使用非常熟练，理解也相当深入。
- 在企业管理方面，中国企业强调活学活用的管理手段，并高度重视个性化需求，这使得中国企业对用户个性化需求的理解非常深入。

10.3　企业对低（无）代码的期待

目前，企业对于低（无）代码的使用需求非常强烈。这种现象主要是由以下原因造成的。

- 低（无）代码可补齐企业信息化工作的短板。中国传统企业在信息化建设这一领域起步较晚，因此很多企业期待可以通过新技术解决历史遗留问题。

由于有些问题过于复杂，很难在传统技术中找到好的解决方案。另外，在企业的发展过程中，还有一些需求不断发生变化，因此软件需要不断迭代，才能满足需求。

- 低（无）代码可满足边缘需求。绝大多数企业都有一些部门级的边缘需求。在业务创新的过程中，也可能出现暂时的需求，低（无）代码可快速满足这些需求。

目前，不同行业对于低（无）代码也有不同的期待，下面选几个行业进行说明。

1. 制造业

在工业互联网的推动下，制造业希望通过产能改造的方式，寻找业务突破的机会。这种转型需求对企业的运营能力提出了很高的要求，同时对质量的要求也上升到了前所未有的高度。制造业对低（无）代码的要求是具备前后端分离和数模分离的双分离设计，能充分解决数据处理、数据规范化和数据利用的问题。制造业需要构建以数据为中心的数字化平台，提升企业竞争力。

2. 金融行业

无论是银行，还是其他金融机构的需求主要集中在数据应用方面，需要基于模型，对数据进行获取、处理和分析。这些需求涉及多数据源融合、算法、处理流程、人机交互等知识。在金融行业数字化浪潮的推动下，工作量大幅增加，传统编码已难以应对这样的工作压力，因此，金融机构开始使用低（无）代码。低（无）代码需要在数据传输、存储和计算等环节，保证数据的完整性、精确性、可审计性和可验证性。

3. 零售和消费品行业

在数字化转型的过程中，零售行业和消费品行业形成了以客户为中心的业务模式，并具有非常强烈的客户运营管理的需求。在建立中台的过程中，要求低（无）代码能适配之前已经形成的技术中台、数据中台和业务中台，复用前期的成果。低（无）代码需要适配云原生架构和技术中台技术，并提供良好的API 交互操作能力。

10.4 低（无）代码人才

目前，低（无）代码已被广泛应用于各个领域，推动了软件行业的发展，使软件系统的设计、建设和维护进入到工业化时代。

低（无）代码的兴起，也必将带动低（无）代码软件工程学科的发展。在低（无）代码的支撑之下，软件开发需要重新定义和优化人才结构。低（无）代码人才包括如下几种。

（1）业务分析师

在使用低（无）代码创建应用时，业务分析师是最核心的人才。业务分析师需要完成从需求到模型的全部设计，除了理解需求的逻辑，还要具备精密的模型思维和设计思维，利用设计思维优化客户体验。业务分析师还需要学习其他软件的设计方法。

（2）组件工程师

组建工程师需要熟悉各种低（无）代码平台的开放接口，理解不同开发环境和运营环境的特性，开发出具有良好复用性的通用组件，需要具备开发整体系统的能力，理解软件的通用需求和不同领域软件的特性，与设计人员和分析人员进行合作，从而更快地满足需求。

（3）算法工程师

算法组件是一种特殊的组件。优秀的低（无）代码平台具备直接调用算法组件的能力。算法工程师需要有良好的数学功底，建立基于需求的数学模型，编码形成可执行、可调用的算法组件。算法工程师也需要熟悉已经开发完成的各种算法，尽可能利用这些算法加快算法组件的构建速度。

（4）SaaS 2.0 产品经理

在低（无）代码平台的基础上，打造出的具有敏捷性和行业差异化的 SaaS产品被称为 SaaS 2.0 产品。SaaS 2.0 产品经理需要深入了解行业知识，将行业最佳实践固化在产品设计中，并提供二次开发的可能性。好的 SaaS 2.0 产品经理可以洞悉低（无）代码的灵魂，为客户提供更好的产品体验。

第三部分

低（无）代码平台的选择

第 11 章　低（无）代码的应用　　　　　　　　　　160

第 12 章　如何选择低（无）代码平台　　　　　　　171

第 13 章　低（无）代码厂商的发展状况与应用案例　189

第 11 章

低（无）代码的应用

11.1　低（无）代码的应用场景

低（无）代码的应用场景可概括为以下几种。

1. 门户网站

门户网站是客户查询服务或产品、获取报价、检查资源可用性、安排工作或下订单、进行付款的平台。低（无）代码可以帮助企业快速创建门户网站，而不必手动编码。

2. 业务线系统

企业通过业务线系统执行日常任务。例如，抵押贷款公司使用业务线系统进行抵押文件的整理工作、整合评估、对借款人进行信用检查和财务分析。抵押贷款公司通常从供应商处购买类似的平台，或使用传统的编码方式开发类似的平台。低（无）代码可帮助企业构建和添加自适应和可扩展的应用程序，甚至可将应用程序迁移至单个或多个云平台上进行部署。

3. 数字化业务流程

基于纸张或电子表格的业务流程既耗时，又容易出错。因此，企业可使用低（无）代码，开发出收集信息的应用程序，该应用程序可通过公司的审批流程传递信息和请求，将结果返回给请求者，并与 ERP 等业务系统进行集成。

4. 移动应用程序

企业可使用低（无）代码，为移动设备构建应用程序，向客户呈现数据和业务交互。例如，保险公司的移动应用程序可允许客户使用智能手机提出索赔需求，并上传文件，如车辆碰撞照片。同时，低（无）代码可为来自同一项目的 Android 和 iOS 设备创建应用程序。

5. 微服务应用程序

微服务架构通过一系列独立的组件，创建可扩展的应用程序，这些独立组件通过网络 API 进行通信，可独立开发、部署和维护。与传统的应用程序相比，微服务应用程序可更快地进行开发和更新。低（无）代码基于微服务的组件平台，可快速创建和重构应用程序，并可将代码转换为微服务应用程序。

6. 集数据和业务于一体的管理平台

当企业发展到一定规模时，其信息化规模也会随之扩大。企业往往需要采购各种专业的信息化系统。例如，为了更好地管理财务相关的业务，企业会选择 ERP 系统；为了更好地管理研发过程，企业会选择 RDM 系统和 PLM 系统；为了更好地管控采购业务，企业会选择 SRM 系统；为了更加高效透明地生产，企业会选择 MES、APS 系统；为了更好地管理销售业务和客户服务，企业会选择 CRM 系统。

信息化系统的管理和维护是一项高度专业化的工作，运营维护的成本也较高。很多时候，企业在建设时只考虑单个系统，没有进行全局性的考虑，因此在管理过程中，往往出现协同困难、数据孤岛、数据得不到有效利用等问题。面对这种情况，企业可使用低（无）代码将各系统连接起来，将所有数据统一管理，并制定数据的治理和清洗规则，运用 BI 工具分析数据。这样，数据的价值就能得到更好地发挥。

7. 资产管理系统

过去，资产管理系统使用 Excel 表格进行管理，工作量大、容易出错、耗时长，导致设备信息不及时、不准确，企业投入的成本大幅增加。

在资产管理系统中，低（无）代码可帮助企业管理资产数据、监控设备维修情况、提高盘点效率等。管理员可以利用资产看板，实时查看资产变动情况，通过企业微信快速创建盘点单。普通员工可以在线管理自己名下的资产，并进行报销和退还操作。这种自助式的资产管理系统不仅减少了工作人员的工作量，也提高了工作效率和资产管理的准确度。

8. 固定资产系统

在固定资产系统中，低（无）代码可以帮助企业提高固定资产管理的精度和效率。例如，进行资产入库、盘点、领用、归还、维修、调拨、报废和折旧等管理操作时，使用低（无）代码可充分满足企业管理固定资产的需求。多维度的资产统计数据可以使企业对资产进行更好地管理，并掌握资产的变化情况，帮助企业更好地制定经营策略。

9. 积分管理系统

在积分管理系统中，低（无）代码可以帮助企业规范员工的行为，推行公平、公开、公正的原则，对员工的日常工作表现进行积分统计。通过低（无）代码对接企业现有的考勤系统，进一步提高积分管理制度的效率和准确性，营造企业积极向上的文化氛围。

10. 建筑行业的项目管理系统

在建筑行业的项目管理系统中，低（无）代码可帮助企业实现项目管理、预算管理、招标管理、质量管理、绩效管理、合同管理等方面的需求，通过一站式平台，实现了规范化、综合化的管理，提高整个项目的管理效率。利用低（无）代码可快速搭建 PMS 系统，减少开发成本，并为项目管理提供了强有力的支撑工具。

11. 关联方交易管理系统

银行可利用低（无）代码建立一个以关联方主体为中心的关联方交易管理系统，实现对关联方交易情况的监控和关联方交易预算的管控。同时可建立内部评级管理系统，实现关联方的主数据管理、交易记录管理、预算管理、规则设置等个性化功能。关联方交易管理系统是一个独立的、十分重要的风险管控系统，能对接内部系统的交易数据。使用低（无）代码能快速定制核心业务系统、集成内部数据库、保证数据安全。

11.2　低（无）代码平台的案例分析

11.2.1　低代码平台的案例分析

低代码平台适用的人群较为广泛，包括业务负责人、产品经理、业务顾问、BA（业务分析师）和开发人员等，他们都可利用低代码平台，快速创建和部署业务应用程序，从而能更快地满足业务需求，提高开发效率和响应速度。下面通过一个具体的案例，介绍低代码平台的应用场景。

"衣架"是上海东方国际创业品牌管理股份有限公司旗下的中高端女装企业，在门店发展和扩张过程中，该企业遇到了 IT 架构难以满足多渠道扩张的问题，同时不同体系下的会员信息难以整合，库存信息也无法共享，消费者对消费体验的要求越来越高，信息流、订单流、物流等无法实现闭环，客户忠诚度低，这些问题对企业的经营造成了影响。

通过利用炎黄盈动 AWS PaaS 低代码平台，"衣架"仅用三名员工，在三个月内完成了整个中台的部署，将前台应用和中台服务打通，实现库存中心、会员中心、订单中心、店铺中心、商品中心、分销中心和仓储中心等模块的搭建，实现了多渠道和多体系的流程、数据、会员、信息的统一管理。这使"衣架"实现了线上多渠道运营，提高了组织运营效率，也使消费者的消费体验得到了显著提升。

与"衣架"类似的零售行业的中台技术架构图如图 11.1 所示。

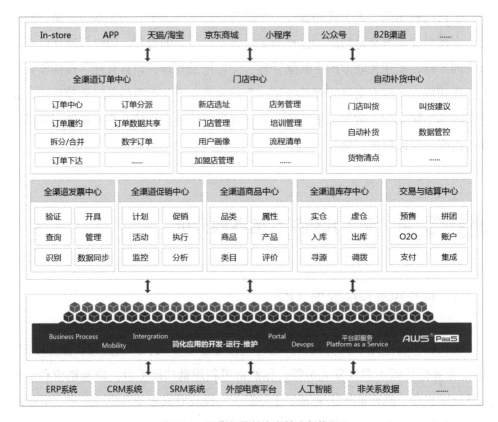

图 11.1　零售行业的中台技术架构图

图 11.2 展示了系统自动接单的情况，通过打通多个库存中心和订单中心，实现库存和订单的统一管理，并实现系统自动接单的功能。用户提交订单后，系统将自动接单，并能显示订单详情、商品库存信息和同款商品发货情况。

此外，销售数据可实时传输，从而充分利用现有的库存，实现智能补货。从仓库单点发货变成门店全渠道发货，提升消费者体验。

图 11.2　系统自动接单

为了实现在不需要总部人员审批的情况下进行调货，中台系统提供了线上渠道发货的能力，并自动将发货信息同步至天猫，从而实现出库单信息和发货信息一致，提高运营效率。图11.3展示了线上渠道发货的情况。

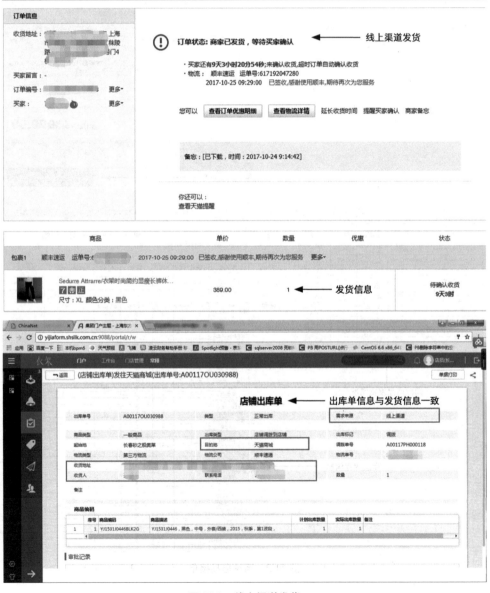

图11.3　线上渠道发货

使用炎黄盈动 AWS PaaS 低代码平台的可视化运维工具，可以对资源、应用和服务指标进行连续监控和分析，帮助开发人员及时发现隐患，并提供诊断线索，从而改善或解决问题，降低运维成本，保证系统的稳定运行。图 11.4 展示了服务质量监控界面。

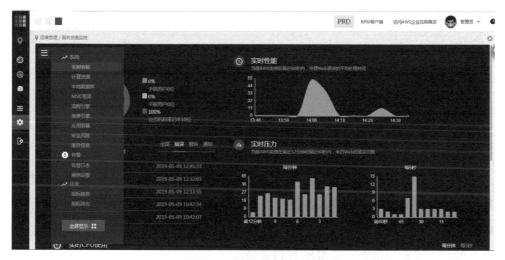

图 11.4　服务质量监控界面

11.2.2　无代码平台的案例分析

无代码平台的用户主要包括一线业务人员、业务负责人、产品经理和业务顾问等。下面介绍一个车间生产员使用无代码平台进行开发的案例。该车间生产员通过易鲸云无代码平台，仅用两周时间就快速构建了一个生产管理应用，提高了生产记录单、生产指令单、物料使用单等单据的填报效率。

金华市科维思日化有限公司是一家集化妆品原材料研发、生产、销售于一体的综合性公司。车间生产员的日常工作是在美妆产品的生产过程中，对生产记录单、生产指令单、物料使用单等单据进行记录。随着订单数量的增加，人工记录存在效率低、统计难的问题。车间生产员通过易鲸云无代码平台将表单电子化，从而提高日常的填报效率。图 11.5 展示了车间生产员使用易鲸云无代码平台创建的灌装记录表。

灌装记录表

文件编号	4-SC-03-A/0			产品名称			单据编号	2021106115
生产订单号	15021070801			生产数量	13004.00		规格型号	11ml
订单总量	12960			生产车间	甲油车间		计量单位	pcs
生产批号	2021061707			半成品批号	2021072603		生产日期	2021-08-20
半成品名称	（233指拂金）			生产组别	生产二组		半成品质用日期	2024-07-25
灌装标准	11ML						灌装设备名称	N-36

内包材清单

	订单号	产品名称	产品批号	材料名称	批号
1	15021070801		2021061707	304C 铝盖	2021073103
2	15021070801		2021061707	外套-NA277 PP电镀金	2021061401
3	15021070801		2021061707	内皮 38C 15口径 PP原色	2021073011
4	15021070801		2021061707	9.6*23线刷/T09Q33 070红球彩棕色现形不均股毛丝13mm 硬质棒	2021060802
5	15021070801		2021061707	玻璃瓶 DH-2587S	2021061309

灌装情况

1、设备正常均运行	是	2、设备清洁消毒	是	清洁消毒方式	酒精	3、料体无异常	是
4、工艺文件是否齐全	是	5、生产对接无异常	是	6、清场是否完成	是		
7、其他							
特殊要求	无						
异物情况	无						

工作记录表

	灌装/工序	人员	备注
1	灌装		
2	贴保护膜		
3	装标		

灌装合品同批数量	12672.00	灌装不良品数量	9.00	功补数量	3.00	灌装总数量	13004.00
是否生成成检报告	否			功能性检验抽样数量	20	与生产任务数量差异	0
责任人				曾记人			

图 11.5　灌装记录表

车间生产员可根据已经创建的灌装记录表，记录当日生产的详细信息，更加规范、高效，同时减少了录入错误，查询和统计数据也更加方便。通过将电子表单和灌装流程进行关联，部门之间的协作也变得规范、高效，帮助车间提高整体生产效率。灌装记录表流程图如图 11.6 所示。

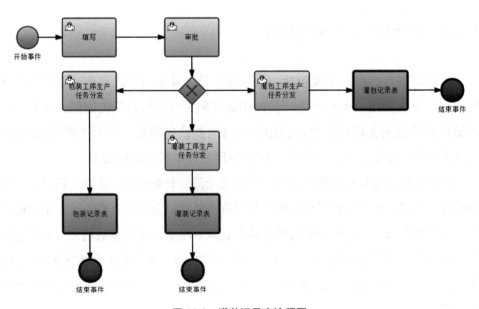

图 11.6　灌装记录表流程图

在车间生产员填写单据后，系统会根据事先设置好的审批流程，自动将单据传递给下一环节的审核人员。审核人员进行线上审核，确保内容的真实性和准确性。车间生产员将审批流程的形式设置为多级审批，并能查看完整的审批流程。另外，车间生产员对审核通过的生产记录内容设置修改权限，防止工作人员随意更改产品的实际生产情况。系统还会自动生成移动端应用。如图 11.7 所示，展示了移动端应用的留样记录表，实现了远程办公，提升员工的工作效率。

图 11.7　移动端应用的留样记录表

车间生产员利用易鲸云无代码平台创建的生产管理应用，不仅提升了产品的质检效率和生产效率，而且通过数据的统计分析结果生成了多种看板，帮助管理者更准确地制定生产计划。图 11.8 展示了生产信息看板。

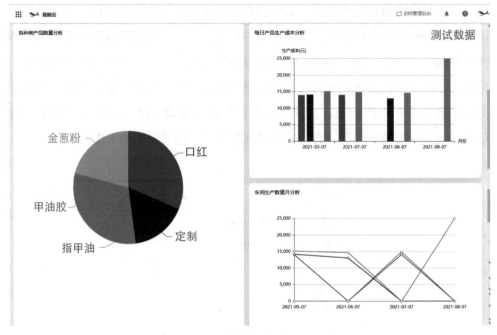

图 11.8　生产信息看板

如果没有易鲸云无代码平台，则该车间生产员无法创建这个生产管理应用。如果委托专业的开发人员进行开发，则会花费较长的时间和较高的成本。

第 12 章

如何选择低（无）代码平台

12.1 为什么需要低（无）代码平台

12.1.1 想解决什么问题

在选择低（无）代码平台时，企业应该明确想要通过低（无）代码平台解决什么问题或达成什么目标。例如，在开发应用时，需要考虑时间和成本的因素，如果时间紧迫，预算较低，则使用低（无）代码平台可能是一种更优的选择。如果需要构建高度定制化的应用或需要使用特殊的技术，则可能需要选择其他的应用开发平台。

此外，需要注意低（无）代码平台的局限性。虽然低（无）代码平台可以使开发过程更加简单、高效，但有时可能无法满足某些特殊的需求，或无法处理复杂的逻辑。因此，在选择开发平台时，也需要考虑到这些局限性，并结合自身需求进行权衡和决策。

1. 业务领域

在选择应用开发平台时，企业涉及的业务领域非常重要。对于一般的企业业务领域，如生产管理、采购管理、销售管理、服务管理、财务管理、项目管理、人力资源管理等，低（无）代码平台都具备一定的优势。因为这些领域的业务相对通用，且不需要过于复杂的算法或处理逻辑，这些领域的业务流程和操作规范通常比较稳定，即使使用低（无）代码平台进行开发和维护，也不会出现太多难以解决的问题，同时降低了开发难度和人力成本，使企业能更专注于业务的发展。

对于一些较为专业的领域，如人工智能领域、地理信息服务领域、工业控制领域等，复杂度较高，需要使用更专业的编程语言和开发工具进行开发、测试和部署。因此，这些领域可能不适用于低（无）代码平台，因为平台的特性和限制可能无法满足需要，开发人员需要根据具体的业务场景进行编码开发。

总之，选择应用开发平台需要综合考虑企业的业务需求和目标，根据业务领域和需求判断是否适合使用低（无）代码平台进行开发。

2. 覆盖的用户和业务范围

要明确构建应用覆盖的用户和业务范围是只限于中国的用户和中国业务，还是会涉及海外用户和海外业务。如果应用覆盖的用户包括海外用户，则应用开发平台需要具备国际化能力，如多语言、多时区、多货币，以及支撑国际化法规的能力。如果不具备国际化能力，则需要开发人员自己专门开发这方面的功能，这就意味着需要额外的设计、开发和测试工作，将拉长业务应用构建的周期，增加建设成本。

3. 时间周期和建设成本

在进行应用开发平台的选择时，需要考虑预计达成的时间周期和能接受的建设成本，因为这两个因素直接影响企业的开发进度和成本。如果时间周期短，则需要选择开发效率高的应用开发平台；如果能接受的建设成本有限，则需要选择较为经济实惠的应用开发平台，降低开发成本。

4. 使用和维护成本

在选择应用开发平台时，需要考虑应用的整个生命周期，包括规划、设计、构建、验证、上线和运营阶段所需的使用和维护成本。这些成本包括人力、硬件、软件等方面的投入，需要在选择应用开发平台时进行综合考虑。

在进行应用开发平台的选择时，需要结合上述方面和实际需求进行综合分析，选择最适合的应用开发平台。

12.1.2　低（无）代码平台的价值

低（无）代码平台的价值主要在于迅速满足商业需求的变化，从而解决问题，提高开发效率，降低开发成本，加快企业数字化转型的速度。

1. 提高开发效率

首先，低（无）代码平台是一种能协助企业快速交付业务应用的平台，降低开发工作的复杂度，提升开发效率。与传统的编码方式相比，低（无）代码平台能有效避免代码存在的错误，使开发人员能更好地将注意力集中在业务逻辑上，而不是检查代码的错误。

此外，低（无）代码平台还支持应用在多种环境下的一键部署，包括 PC 客户端、Web 端、移动端（包括 iOS、Android、H5、小程序等）。部分低（无）代码平台还支持自动生成代码，并支持在不同环境中进行适配。

最后，相较于传统的编码方式，低（无）代码平台提供了一种松耦合的开发方式，允许开发人员并行开发。这种松耦合的开发方式能有效缩短开发周期，允许多个部门或开发人员之间进行协作。

2. 降低开发成本

应用的开发成本主要源于人力成本。通常来说，开发成本可以用人员日均工资、开发人数、开发天数的乘积进行估算。低（无）代码平台提高了开发效率，减少开发人数或开发天数。因此，使用低（无）代码平台能降低开发成本并提高效率。同时，低（无）代码平台降低了开发人员的门槛。原本需要资深的软件工程师才能完成的工作，中级软件工程师也可通过借助低（无）代码平台完成。这样可以降低开发人员的工资，进一步降低开发成本。

使用低（无）代码平台能大幅提高开发效率，并从根本上降低开发成本。

3. 加快数字化转型的速度

数字化转型是近些年企业发展的重要趋势之一。企业数字化转型的重点之一在于打通企业内部的信息孤岛。只有当各部门之间的信息互通时，企业才能快速响应市场变化。低（无）代码平台具有打通现有系统、创建新应用的特点。此外，低（无）代码平台将不同岗位的工作侧重点进行了融合。例如，IT 工程师侧重程序，CT 工程师侧重通信，前端业务人员侧重流程，这些侧重点在低（无）代码平台中得到了有效融合，极大降低了沟通成本和难度。

低（无）代码平台在数字化转型方面的作用十分重要，不仅可以打通企业内部的信息孤岛，而且可以在不同部门之间进行有效的沟通和协作，还可以提高企业对业务变化的适应性和响应能力，为企业的数字化转型提供良好的支持。

12.1.3　低（无）代码平台的特点

目前，国内主流的低（无）代码平台主要有以下特点。

- 易用性：低（无）代码平台提供图形化的开发、监控、运维等工具，学习门槛低，易于使用和维护。
- 快捷开发：低（无）代码平台提供高效的开发、测试、部署和系统管理工具，使企业能快速推出应用。
- 灵活可扩展：企业可以方便灵活地对数据模型、业务流程、业务逻辑、用户界面、业务架构、权限体系进行定制化开发，同时还支持国际化业务。
- 开放集成性：低（无）代码平台能将应用内的资源和能力开放给外部系统使用，并使用多种集成技术整合外部系统的资源和服务，并实现复用。
- 高性能：低（无）代码平台能支持高并发和数据量较大的业务。
- 高可用性：低（无）代码平台能长期提供不间断的服务。
- 高安全级别：低（无）代码平台能从数据安全、应用访问安全、访问权限安全、身份管理安全等各方面，提供多层次、全方位的安全保障。

从上述特点可以看出，使用低（无）代码平台开发企业级应用是不错的选择。然而，由于企业的行业特性、业务性质、应用范围、用户群体不同，可能会有个性化的需求。就像其他的开发平台一样，低（无）代码平台也无法解决所有问题。

12.2　低（无）代码平台的选择模型

低（无）代码平台通过提供可视化的开发环境，降低开发门槛，从而使开发人员可以轻松构建应用程序，即使是非技术人员也可以完成应用程序的开发。由于低（无）代码平台拥有广泛的应用场景，近年来在市场上备受关注。

本节将指导企业根据自身需求选择低（无）代码平台，并介绍低（无）代码平台的选择模型。

12.2.1　体现企业的战略方向

作为当今企业数字化转型的热点话题之一，低（无）代码平台对企业的价值不仅在于开发一个系统或应用，而且体现了企业的战略，肩负着支撑企业转型和增长的重任。优秀的低（无）代码平台会支撑企业业务的变化，同时也是企业战略思想的重要体现。

当企业将战略思想融入低（无）代码平台时，更换低（无）代码平台将会是一项非常痛苦且耗时的事情，甚至会带来管理和业务上的风险。因此，企业在选择低（无）代码平台时，应非常慎重，避免在未来出现问题。

12.2.2　明确企业的痛点

不同的企业在行业特性、发展规模、业务等方面存在差异，企业在选择低（无）代码平台时，首先应根据企业自身的特点进行综合考虑，从企业的需求着手，以解决企业的痛点为目标。

1. 企业的行业特性

低（无）代码平台本身不具备行业属性，可以赋能各行各业的信息化建设。由于下游行业的信息化水平和软件开发的核心痛点不同，低（无）代码平台也会表现出不同的适用性。这里以互联网行业、工业和教育行业为例进行介绍。

（1）互联网行业

互联网行业内的企业往往有人力成本高、项目复杂、客户需求多等痛点。因此，对于这类企业而言，关注点主要在于如何通过低（无）代码平台降低成本。

（2）工业

工业互联网目前处于发展初期，具有广阔的市场前景。工业互联网面临应用安全、客户需求、数据融合、应用创新等挑战。因此，对于工业而言，如何在数据层面实现全智能监控，在平台层面打破信息孤岛，在应用层面帮助企业快速开发个性化应用是当前的重点。

（3）教育行业

对于已经具备一定信息化基础的院校而言，可以借助低（无）代码平台的数用一体、低开发门槛的优势，建设数据资产，并结合教育模式创新，快速开发个性化的教学和管理应用。

2. 企业的发展规模

（1）初创企业

通常，初创企业的业务发展与商业逻辑还未完全成熟，甚至缺乏专业的开发团队，企业更加需要成熟度较高的低（无）代码平台，快速进行信息化建设。因此，对于初创企业而言，简单易用成为选择低（无）代码平台时的重要标准。

（2）中小型企业

中小型企业经过几年的发展，业务不断扩张，商业体系已经初具规模，信息化建设也取得了一定的成果。然而，随着企业规模的扩张，原有的信息化应用或系统已经无法满足市场变化。因此，对于中小型企业而言，低（无）代码平台的可扩展性和灵活性成为选择时的重要因素。同时，随着企业精细化管理的不断发展，低成本的运维也成为企业关注的重点。

面对这种情况，首先中小型企业要重视低（无）代码平台的技术能力和综合能力。其次，中小型企业应考虑低（无）代码平台是否能满足复杂的应用开发。低（无）代码平台应具备灵活、适用于多渠道、多种部署方式、安全可靠等特点。

（3）大型企业

大型企业的信息化建设较为成熟，拥有专业的开发团队，可为企业的数字化转型提供有力支持。然而，由于大型企业的组织结构较为复杂，各部门之间存在沟通延迟和信息交流不畅的情况，常常出现数据和信息不统一的现象。在这种情况下，低（无）代码平台具有较大的优势。

大型企业应重视低（无）代码平台的技术和综合能力，同时也应注重低（无）代码平台是否能满足复杂的业务需求，是否有较高的安全性和灵活性。

3. 企业的业务

下面以销售和业务财务一体化为例，介绍企业的业务不同，关注的重点有何不同。

（1）销售

销售是企业实现生产目标的活动。由于销售与企业战略规划、营收关系密切，企业需要对销售相关的数据和进程进行控制和跟踪，打通以信息流、业务流、资金流、票据流、服务流、物流为核心的端到端全链路。

在销售管理过程中，实现信息共享是十分必要的。销售线索、客户互动记录、报价审批单、订单签署记录、客户反馈、售后服务，这都离不开信息共享。企业关注是否可以根据业务需求，通过低（无）代码平台，实现销售流程管理，缩短交付周期，提高销售服务能力、销售线索转化率、客户满意度和二次签约率。

（2）业务财务一体化

在数字化时代下，传统的系统难以适应企业不断变化的业务需求。为了应对市场的快速发展，企业越来越注重财务的安全性与业务赋能。通过业务财务一体化，将业务和财务融合在一起，使财务人员了解费用的支出明细。根据业务部门的需求不断进行调整和优化，利用低（无）代码平台可降低二次开发的成本。

12.2.3　明确应用的等级和类型

在明确企业想要解决的痛点后，应明确企业构建应用的等级和类型。

1. 明确应用的等级

互联网时代下，企业不断高速发展，市场变化的速度也很快，这要求企业能更快地应对变化。业务部门可使用低（无）代码平台快速进行应用的创建。

然而，对于实时性要求较高、数据量大、并发规模大、算法复杂度高的应用，低（无）代码平台无法很好地应对。例如，工业控制软件、面向应用层以下的 IoT 软件、人工智能软件、金融行业的核心系统等，这些应用需要专业的技术、先进的算法引擎、数据服务平台、定向的技术平台等进行支撑。

应用金字塔模型如图 12.1 所示。应用金字塔模型根据应用的使用等级进行划分，将应用的使用等级划分为工作组级、部门级、企业级和极端规模企业级。越高的应用等级代表应用越复杂、任务越关键、业务规模越大，越低的应用等级代表业务越简单、交付速度越快。企业应用决策者应根据应用的关键性、业务规模、需求量、交付速度，判断应用的使用层级。

图 12.1 应用金字塔模型

低（无）代码平台更适用于需要创建工作组级和部门级的应用。随着低（无）代码平台能力的提升，越来越多的企业开始使用低（无）代码平台构建企业级应用。若企业级应用的规模过大，则往往需要使用多个低（无）代码平台。

2. 明确应用的类型

目前，市场上的低（无）代码平台多种多样，这些平台都具有开发敏捷、快

速交付和开放性高等特点。根据 Gartner 的分析报告，通常将低（无）代码平台
分为如下三种类型。

- 低（无）代码应用平台（LCAP）：通过声明式模型驱动的元数据业务，为
  企业提供快速开发、部署和执行应用的功能。LCAP 的市场最为广泛。
- 多体验开发平台（MXDP）：为开发人员提供集成前端开发工具和可扩展的
  数字触点后端服务，包括自定义移动应用、响应式网页、渐进式网页应用、
  沉浸式用户体验和会话应用支持。
- 智能业务流程管理系统（iBPMS）：基于模型驱动的低代码平台，可动态
  变化，支持流程业务运行与业务规则 / 决策（BRMS/DMS）自动化。

企业应用决策者需要明确所创建或使用的应用类型。通常来说，为了满足企
业的多样化需求，企业会选择几家低（无）代码平台结合使用。低（无）代码平
台选择模型如图 12.2 所示。

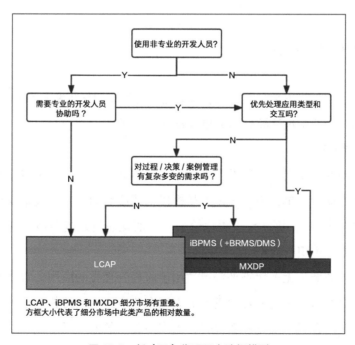

图 12.2　低（无）代码平台选择模型

Gartner 建议使用如下原则选择低（无）代码平台

1.如果应用可由非专业的开发人员进行开发，不需要专业的开发人员的协助，则可以考虑 LCAP。需要注意，LCAP 存在一些功能限制，须确保应用不会因为功能限制而无法顺利开发。

2.如果应用需要支持复杂的业务，并持续迭代以满足不断变化的业务需求，或应用需要厂商提供技术和管理等方面的协助，则可以考虑使用 iBPMS。需要注意，选择 iBPMS 类型的工具会使成本变高。

3.如果应用需要覆盖多个终端，如移动应用、渐进式网页应用等，则可以考虑使用 MXDP。

4.对于其他需求，可以考虑使用 LCAP。如果企业注重应用的准时交付，则可使用 LCAP，实现流程管理和交互体验相关的大部分需求，而不需要专业开发人员的参与。

12.2.4 明确驱动模型

随着低（无）代码平台的普及，为适应不同的应用场景和复杂程度，低（无）代码平台的设计理念也逐渐分为表单驱动和模型驱动。

（1）表单驱动

表单驱动的低（无）代码平台以业务流程驱动为核心，通过将业务流程抽象成易于使用的通用表单，为非开发人员提供构建应用的能力。表单驱动具有传统的 BPM 的典型特点，更注重流程化管理，目的是通过系统性地改善企业内部的业务流程，提高组织的效率。

表单驱动的低（无）代码平台更适用于流程管理类的应用，对非开发人员较为友好，但对具有复杂业务处理逻辑的大型企业应用的支持相对较弱，如果企业需要实现复杂的合同审批流程系统时，则表单驱动的低（无）代码平台就不太适合了。

（2）模型驱动

模型驱动的低（无）代码平台以数据结构为核心，通过定义数据结构描述业务。模型驱动的低（无）代码平台通常先构建数据结构，再构建业务场景。使用可视化建模技术可定义数据关系、创建流程逻辑、创建用户界面，便于开发人员和业务人员快速交付应用程序，而不需要编写代码。

模型驱动的低（无）代码平台对构建大型应用非常友好，能应对复杂的业务逻辑变化，应用场景较广。然而，模型驱动的低（无）代码平台也有一定的局限性，当业务场景发生变化时，对应的数据结构也随之改变，会增加一定的工作量。此类平台通常会提供强大的可视化建模工具，最大限度地减少因数据结构的变化而增加的工作量。

12.2.5　明确平台的评价指标

在明确企业的痛点和应用等级、类型后，须明确平台的评价指标。低（无）代码平台的评价指标包括平台功能、非功能性能力、品牌影响力。在选择低（无）代码平台时，可根据上述评价指标，对候选平台进行逐项打分。每个二级指标的可打 1~5 分，累计得出一级指标的分数。然后，按照三大分析维度（平台功能、非功能性能力、品牌影响力）的权重进行加权，算出每个平台的最终得分。一般建议平台功能的权重为 40%，非功能性能力的权重为 35%，品牌影响力的权重为 25%。可根据企业自身的情况调整权重。

1. 平台功能

平台功能是最基本的评价指标，用于评价平台自身的功能是否全面、可用，可从数据管理、数据分析、工作流、移动应用、权限管控、国际化能力、应用管理等维度进行评估，确保评价的全面性和准确性。

（1）数据管理

- 字段类型的全面性。
- 数据的导入和导出。
- 数据的新建和编辑。

- 数据的筛选和搜索。

- 数据的列表和详情展示。

- 数据的关联。

（2）数据分析

- 报表及其下钻。

- 仪表板。

- 多表数据聚合。

（3）工作流

- 多类型流程模型。

- 可视化流程。

- 触发事件模型。

- 数据操作。

- 消息通知。

- 流程版本。

- 流程日志。

（4）移动应用

- 移动应用的自动生成。

- 移动应用的形式。

（5）权限管控

- 组织架构管理。

- 自定义权限。

- 权限配置的颗粒度。

- 数据共享的灵活性。

（6）国际化能力

- 多语言。

- 多时区。

- 多币种。

（7）应用管理

- 应用市场。

◆ 应用打包。

2. 非功能性能力

非功能性能力主要用于评价平台非功能性的能力，从而确定该平台是否可以提升使用体验，可从性能、开放性、安全性、部署模式、开发能力、治理和监控等维度进行评估。

（1）性能

◆ 服务的高可用性。

◆ 大数据的承载能力。

◆ 服务的稳定性。

◆ 数据的获取速度。

◆ 数据的操作速度。

◆ API 的调取速度。

（2）开放性

◆ 集成能力。

◆ 认证鉴权能力。

◆ API 的丰富度。

◆ 文档的完整度。

（3）安全性

◆ 安全合规资质。

◆ 容灾备份机制。

◆ 敏感数据加密和脱敏。

◆ 账号安全。

◆ 审计日志。

（4）部署模式

◆ 私有云、公有云的部署。

◆ 多云部署。

（5）开发能力

◆ 易用性。

◆ 前端的开发能力。

◆ 后端的开发能力。

◆ 开发工具的全面性。

（6）治理和监控

◆ 租户系统的用量监控。

◆ 租户系统的概况统计。

3. 品牌影响力

品牌影响力直接影响市场拓展能力和利润获取能力，是衡量企业成功的重要指标之一，也是企业在选择平台时考虑的关键因素。品牌影响力主要用于分析企业在特定行业或领域中的市场影响力和服务能力，帮助企业判断平台的长期发展前景。

（1）市场影响力

◆ 头部企业的使用情况。

◆ 业务领域的市场占有率。

◆ 生态系统。

◆ 合作伙伴。

（2）服务能力

◆ 付费客户的数量。

◆ 大型客户的数量。

◆ 服务的用户体量。

◆ 平台的培训体系。

◆ 覆盖售前和售后的技术支持体系。

◆ 合作伙伴体系。

随着经济的发展和企业数字化浪潮的兴起，市场上涌现出许多优秀的低（无）代码平台，这些平台在各自的细分领域中具有独特的优势。因此，在选择低（无）代码平台时，企业不应只看花哨的功能，而应回归本质，从自身的需求出发，挑选最适合自身发展阶段和管理特点的平台。只有能解决企业自身问题的平台，才是好的平台。

12.3　选型案例

案例 1：企业构建 CRM 系统

目前，企业面临的生存环境越来越复杂，企业需要以客户为核心，积极利用新兴的技术手段为客户创造更多价值，从而实现增长。在这样的背景下，CRM系统应运而生，它以客户为中心的特性在企业信息化中非常重要，企业对 CRM系统的重视程度也越来越高。

下面以一家 IT 服务企业构建 CRM 系统的实际案例为例，详细介绍从立项到选型的具体流程，帮助读者了解低（无）代码平台的选型过程。

A 公司是一家提供 IT 咨询、软件实施、运维等服务的企业。该企业刚刚确定了未来五年的战略目标。

- 以客户为中心，为客户提供更专业的服务，实现每年 50% 的业务增长目标。
- 开拓海外市场。
- 实施数字化转型战略，利用新技术为客户、合作伙伴和员工提供更高效、更优质的服务，从而适应市场的快速变化，提高决策效率。

信息化团队结合公司的战略目标，对公司进行了全面分析，发现公司目前处于高速发展阶段。由于公司发展较快，销售管理较为落后，销售效率低，客户满意度也不高。因此，信息化团队决定先进行营销信息化改造，并进行 CRM系统的建设。通过 CRM 系统解决销售效率低的问题，同时为海外业务的拓展提供支持。

在明确了建设 CRM 系统的目标后，信息化团队对使用系统的业务团队（包括市场部、销售部、客户服务部等）进行了需求收集，了解管理痛点和系统需求。同时，作为系统的运维管理部门，信息化团队也整理了信息化管理的需求。最终，信息化团队汇总了公司的整体需求、业务管理需求和信息化管理需求。

（1）公司整体需求：支撑国内和海外的业务，规范管理流程并提升管理效率。

（2）业务管理需求如下。

- 市场营销支持：支持线上和线下的市场活动、品牌宣传和获客活动。
- 销售支持：支持复杂的业务，如订单报价、客户跟进，同时能与财务系统打通，完成合同、收款等流程。
- 服务支持：支持项目交付、客户工单跟进等流程。
- 信息支持：建立市场、销售和服务全链路，实现信息共享，提高客户满意度。
- 经销商支持：建立经销商入口，使经销商加入公司的流程中，为经销商提供更多支持。

（3）信息化管理需求：支持数字化转型，打破部门间的数据孤岛，使数据更好地体现价值，为决策提供支持，并且能快速应对企业业务的变化。

在明确需求后，信息化团队对 CRM 系统进行了分析。由于 CRM 系统是几个部门共同使用的系统，业务的不确定性较强，因此需要一种能快速响应、灵活变动、运维简单的 CRM 系统。低（无）代码平台非常符合目前的需求，信息化团队决定以低（无）代码平台为基础创建 CRM 系统。

接下来，信息化团队开始在市场上选择适合的 CRM 系统。信息化团队与多家 CRM 厂商进行了需求和方案的沟通，最终选定了三家厂商进行竞标。第一家厂商 S 是一家面向国际市场的 CRM 厂商，在云计算和 CRM 领域处于领头羊地位；第二家厂商 X 是一家国内新兴的云计算 CRM 厂商，主要为大中型企业提供服务，具有较好的国际服务能力；第三家厂商 F 是一家国内发展较快的 CRM 厂商，主要为中小型企业提供服务。

信息化团队对三家厂商的产品进行了评估。S 厂商的优势在于平台更国际化，但不够本土化，易用性欠佳，并且成本较高。F 厂商的优势在于用户的交互体验和使用体验较好，但提供的能力略差于其他两家，而且在行业案例方案、国际化方面有所欠缺。相比之下，X 厂商的产品兼具本土化和国际化，具有较好的能力，可以支撑复杂的业务，并且有完善的服务和支持体系。信息化团队在综合考虑产品的能力和业务方案后，最终选择使用 X 厂商的产品构建公司的 CRM 系统。后续，CRM 系统的建设非常顺利，使用效果优异，证明了此次的选型是一次非常成功的决策。

案例 2：企业构建合同审批系统

B 公司是一家高科技制造企业，正在从传统的面向政府（to government）业务向面向企业（to business）业务转型。企业自身的管理架构和业务流程较为复杂，尤其是合同审批流程。在过去的面向企业业务中，合同审批流程需要经过多个部门的审批，审批流程极为繁琐，效率极低。随着面向企业业务的拓展，合同审批流程的效率越来越低。为了提高合同的审批效率，B 公司决定引入新的合同审批系统。该系统需要同时支持面向政府业务和面向企业业务，并能简化合同审批流程。

在确定好需求后，B 公司梳理了完整的合同流程，并收集了业务团队的需求。经过梳理发现，业务团队对合同审批流程十分不满。面向企业业务的市场竞争非常激烈，目前的合同审批流程环节过多，迫切需要改善合同审批流程，各级审批部门也必须尽到监管义务。

B 公司的合同审批流程并没有涉及复杂的业务流程和业务信息管理，因此公司更需要一个表单驱动的 BPM 系统，该系统有处理复杂审批流程的能力，要求厂商有足够丰富的实施经验，帮助企业简化当前流程，促进软件落地。

经过市场调研和产品评估，公司最终选择了两家厂商的产品。一家是表单驱动的业务流程管理产品，另一家是模型驱动的低（无）代码平台。企业对这两家厂商进行了严格的评定，以解决当前痛点和兼顾未来的业务发展需求为重点，对产品的各项指标进行了评估。两家厂商在产品功能和非功能性能力方面得分相同，都能满足公司的审批复杂流程的需求。然而，第一家厂商专注于业务流程管理，有更多合同审批方面的经验，可提供针对审批流程的轻咨询服务。第二家厂商的模型驱动特性在当前的需求下无法发挥最大作用，且产品的价格较高。

最终，B 公司选择了专注于业务流程管理的第一家厂商，并购买了轻咨询服务。在后续实施落地的过程中，B 公司优化了合同审批流程，在确保合规的前提下，极大简化了审批流程，提高了效率。

12.4　选型时应避免的误区

1. 低（无）代码平台并非只能开发简单的应用

低（无）代码平台的易用性是指用户无须学习复杂的编码技术，通过可视化技术和代码自动生成技术，即可实现不同应用的开发。因此，使用低（无）代码平台能快速搭建复杂的应用。应用的复杂程度取决于底层逻辑的复杂程度，用户可根据自身需要，利用低（无）代码平台开发复杂的应用。

2. 有专业的开发团队也需要低（无）代码平台

即使没有专业的开发团队，企业也可利用低（无）代码平台快速搭建应用，但这并不意味着有专业开发团队的公司就不再需要低（无）代码平台。低（无）代码平台的优点是快速开发和迭代，有专业开发团队的公司可以在短时间内开发新产品或功能。另外，低（无）代码平台可在项目初期提供快速开发原型和快速验证的能力，从而有效减少开发的成本和风险。另外，专业的开发人员可以在低（无）代码平台中发挥更显著的作用。在开发高可见性、大规模、企业级的应用时，开发人员可以凭借其优秀的底层逻辑思想，更快地构建应用，并集成企业信息系统。

3. 企业使用低（无）代码平台并不意味着完成数字化转型

数字化转型需要企业自上而下地采用新的管理方式，不能简单地认为只要使用低（无）代码平台，企业就能完成数字化转型。低（无）代码平台在企业的数字化转型的过程中只起辅助作用。

第 13 章

低（无）代码厂商的发展状况与应用案例

13.1 低（无）代码厂商的分类

1. 根据是否支持编码进行分类

根据是否支持编码进行分类，低（无）代码厂商可分为两大类。有一类致力于无代码开发的厂商，也有一类支持编码的厂商，即低代码厂商。典型的低代码厂商包括葡萄城、百度、致远互联、炎黄盈动、用友、奥哲、APICloud、蓝凌、销售易、得帆信息、轻骑兵、ClickPaaS、清华大学大数据与系统软件国家工程实验室等。典型的无代码厂商包括数睿数据、明道云、轻流、简道云、伙伴云、魔方网表、云表等。

使用低代码平台开发应用时，可极大地减少代码的编写。如果应用较为简单，则完全可以使用低代码平台提供的可视化工具完成，而不需要编写任何代码。如果应用比较复杂，则低代码平台提供了相关的编程接口，开发人员能使用编程接口实现相关的功能。

无代码平台更强调"无代码"这一概念，即尽可能地避免编写任何代码，只通过可视化工具完成应用的开发。需要注意的是，使用无代码平台进行开发时，对应用的功能和个性化定制的限制更多，但无代码平台的易用性也更高，更适合于业务人员和非技术人员使用。

2. 根据是否为独立厂商进行分类

按是否是独立厂商进行分类，可将低（无）代码厂商分成两大类。一类是专注于低（无）代码的独立厂商，一类是具有多种产品的综合性厂商。独立厂商的典型代表包括数睿数据、明道云、轻流、简道云、伙伴云、魔方网表、云表、葡萄城、奥哲、ClickPaaS 等；综合性厂商的典型代表包括百度、销售易、致远互联、炎黄盈动、用友、蓝凌、得帆信息、轻骑兵、清华大学大数据与系统软件国家工程实验室等。

独立厂商和综合性厂商各有优缺点。独立厂商更加专注于开发低（无）代码产品，更具灵活性；综合性厂商通常具有更多的资源和客户基础，可以更好地支持企业用户的需求。

3. 根据用户群体进行分类

低（无）代码厂商的定位是比较灵活的。自研的低（无）代码厂商主要面向需要快速自研应用的企业和组织，开发的应用主要服务于自身，比较注重应用的定制性和灵活性；为第三方开发人员服务的低（无）代码厂商重点面向合作伙伴和客户等终端用户，主要服务于第三方开发人员的应用开发和管理需求。

13.2　低（无）代码厂商介绍

13.2.1　葡萄城

葡萄城成立于 1980 年，是软件开发技术和低代码厂商，主要的产品包括活字格企业级低代码平台、SpreadJS 纯前端表格控件、ActiveReportsJS 纯前端报表控件和 Wyn Enterprise 嵌入式商业智能软件等。葡萄城以"赋能开发人员"为使命，致力于通过各类软件开发工具和服务，创新开发模式，提升开发效率，推动软件产业发展，为建设"数字中国"提速。

葡萄城服务的企业与公共组织客户超过 50 万家。在中国，葡萄城的产品广泛应用于信息和软件服务、制造、交通运输、建筑、金融、能源、教育、公共管理等支柱产业，典型的客户包括百度、金蝶、用友、浪潮、泛微、远光软件、恒生电子、文思海辉、上海汉得、中国平安、中国银行、华为等。

　　活字格企业级低代码平台发布于 2016 年，基于葡萄城在专业控件领域 40 年的技术积累，采用模型驱动的技术路线，提供覆盖软件开发全生命周期的可视化解决方案，帮助开发人员和业务人员快速构建美观易用、架构专业、安全可控的企业级多终端应用，广泛应用于 PC 端或移动端的个性化应用开发、ERP 等成品软件的二次开发、数据填报与报表开发、企业数字化平台建设等场景，大幅提升软件公司、系统集成商和企业 IT 团队的软件开发能力和交付能力。活字格企业级低代码平台的架构如图 13.1 所示。

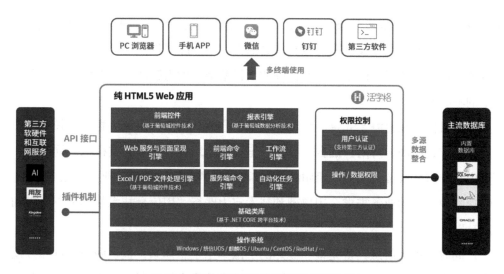

图 13.1　活字格企业级低代码平台的架构

　　截至 2022 年初，在葡萄城技术培训体系的帮助下，6 万余名开发人员使用活字格企业级低代码平台为各行业开发和交付了大量的软件项目。2021 年秋季举办的企业级低代码应用大赛，涌现出近百份使用活字格企业级低代码平台开发的优秀作品，包括企业管理系统、制造管理系统、仓储管理系统、新一代客户管理系统、智能化设备监控系统等主流企业级应用。

13.2.2　得帆信息

上海得帆信息技术有限公司（简称得帆信息）成立于 2014 年，是国内低代码平台的领军者，致力于为全球企业提供一站式的数字化解决方案。

得帆信息 A 轮融资由百度风投领投，微村智科跟投。未来，得帆信息将展开与百度 AI 的深度合作。通过与得帆云系列产品的全面融合，为企业一站式提供完整高效的融合智能数据环境和数字化平台。

目前，得帆信息已为 500 多家国内、外企业进行服务，中国《财富》500 强企业中有 128 家与得帆合作；中国制造业 500 强企业中有 141 家与得帆合作。目前得帆已落地 1000 多个项目，涉及汽车、制造、建筑地产、医药、家居、金融、新消费等行业，尤其在汽车行业有较高的占有率。除了在汽车行业，得帆信息在智能制造和工业互联网领域也有很好的项目落地，助力智能制造领域的低代码技术的不断发展。

得帆信息在上海、北京、深圳、成都、广州、西安、武汉、青岛、长春、厦门、南宁、重庆、济南、烟台、福州、玉林等地均拥有业务分支机构，同时有一支由 300 多名人员组成的产研团队，形成可随时调动的"技术＋业务"服务网络，快速响应用户的业务需求，用口碑和技术实力践行"用信息技术帮助客户幸福和成功"。

同时，得帆信息具备完整、成熟的中国本土生态体系，提供服务认证和开发人员培训，与解决方案提供商、国际大型咨询公司合作，促进解决方案和产品的融合，与百度、飞书等领先的互联网公司达成战略合作，扩大服务半径，打造独有的生态影响力。

得帆云低代码系列产品如图 13.2 所示。2016 年，得帆信息推出了完全自主研发的云原生架构的 aPaaS 和 iPaaS。2020 年，得帆信息推出了得帆云低代码系列产品，包括低代码平台 DeCod 和企业集成平台 DeFusion。DeCod 提供全栈低代码开发能力，以云原生技术为依托，具备较好的用户体验、二次开发能力、扩展能力和集成能力，可提升应用系统的交付效率，降低系统的实现难度。DeFusion 提供了一个企业集成平台，能快速与异构系统、数据源、SaaS 等进行连接，消除数据孤岛，提升信息资产的利用率。

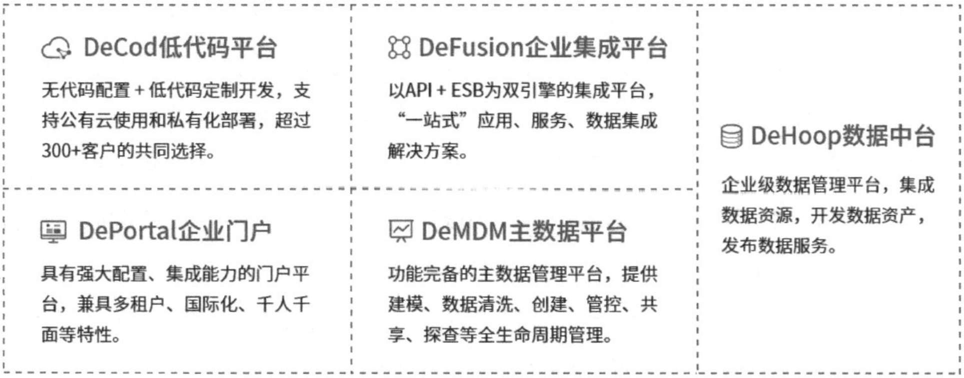

得帆信息的产品矩阵内容：

DeCod低代码平台
无代码配置＋低代码定制开发，支持公有云使用和私有化部署，超过300+客户的共同选择。

DeFusion企业集成平台
以API＋ESB为双引擎的集成平台，"一站式"应用、服务、数据集成解决方案。

DeHoop数据中台
企业级数据管理平台，集成数据资源，开发数据资产，发布数据服务。

DePortal企业门户
具有强大配置、集成能力的门户平台，兼具多租户、国际化、千人千面等特性。

DeMDM主数据平台
功能完备的主数据管理平台，提供建模、数据清洗、创建、管控、共享、探查等全生命周期管理。

图 13.2　得帆信息的产品矩阵

得帆信息形成有主有辅的产品矩阵，能满足不同类型、不同阶段的大中型企业的数字化建设目标。DeCod 和 DeFusion 作为两大核心产品，在低代码开发方面，具有应用产品开发与数据融合的能力；企业门户 DePortal、主数据平台 DeMDM 和数据中台 DeHoop 可高效打通企业数据，充分利用现有的数据资产，帮助企业快速实现数字化转型。

13.2.3　致远互联

北京致远互联软件股份有限公司（简称致远互联）成立于 2002 年，始终专注于协同管理软件领域，为客户提供协同管理软件、平台、解决方案和云服务。

致远互联开创了"以人为中心"的协同管理软件品类，坚持平台化产品的发展路线，从协同办公到协同业务，再到协同运营平台，致远互联为客户提供全生命周期的协同运营管理解决方案，持续助力全国 4 万多家大中型企业提高协同运营的管理效率和业务创新能力，提高数字生产力。

致远互联在全国设有 56 家分支机构，覆盖 100 多个城市，拥有 2600 多名正式员工和 1000 多个生态合作伙伴，有效实现对不同区域、不同行业、不同规模的企业的营销服务覆盖，构建起成熟、稳定、多层次、网格化的营销服务体系，为客户提供高效且专业的本地化技术支持服务。

作为较早涉及低代码的国内企业之一，致远互联在 2012 年推出了具有低代码特性的业务定制平台。通过十年来的不断迭代和完善，如今，致远互联低代码平台既具备拖曳式的开发方式，又兼具开放的应用接口，并提供丰富的云端应用资源和在线组件、表单和模板，帮助零基础的业务人员围绕企业业务场景，快速实现应用设计，打破各应用之间的信息孤岛。在微服务架构方面，致远互联低代码平台可以提供全程可视化的设计器，为政府机构、国资央企、医疗健康、建筑地产、制造、金融、互联网、高校院所等企业用户提供在线的业务定制服务和云端资源调用一体化的云设计平台，支持企业用户个性化定制应用，灵活适应快速变化的业务需求。致远互联低代码平台的界面如图 13.3 所示。

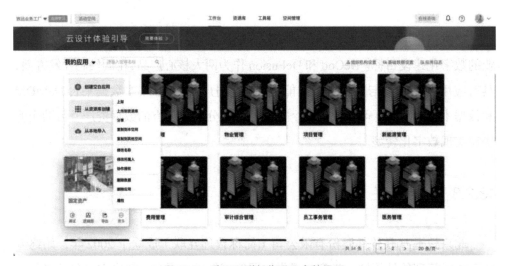

图 13.3　致远互联低代码平台的界面

致远互联低代码平台有如下特性。

● 无缝集成协同平台：可与致远互联协同产品实现无缝集成和连接，使企业内部的流程统一，解决各业务系统之间存在的数据孤岛问题。

● 积木式搭建：基于组件化、模板化的架构设计，可使开发应用像搭建积木一样简单，降低设计难度和门槛，大幅度加快应用交付的速度。

- 可开发复杂应用：依托组织、工作流、表单等业务中台，以及多年的业务沉淀和客户验证，提供强大、灵活的业务装配能力，能完整构建复杂的应用。
- 云定制、云运维：通过业务设计、封装、运行的快速交付，实现企业私有化、公有云及混合云等多种部署方式，降低业务的搭建成本，扩展业务的应用规模。
- 随时获取开发组件：数据组件、逻辑组件、UI 组件等组件均可通过协同平台随时获取，用户通过拖曳的方式即可构建个性化的应用场景。

13.2.4　炎黄盈动

炎黄盈动是一家低代码厂商和 BPM PaaS 服务商。2003 年成立之初，炎黄盈动以 BPM 业务流程为 PaaS 切入口，持续以模型驱动的架构设计为用户和伙伴提供低代码平台以及 BPM PaaS 产品，帮助用户加速数字化转型和运营创新。炎黄盈动的总部位于北京，在上海、深圳、西安、青岛、武汉等地设有分支机构，合作伙伴和服务网络遍布全国，是中国信通院低代码、业务中台、业务流程管理平台 BPM 标准成员单位。

炎黄盈动的产品布局图如图 13.4 所示。炎黄盈动提供了面向大中型企业的 AWS PaaS 低代码平台，以及面向成长型组织的易鲸云低（无）代码云应用搭建平台，满足不同规模、不同领域、不同发展阶段用户的数字化转型需求。AWS PaaS 低代码平台和易鲸云低（无）代码云应用搭建平台均入选了 Forrester 首份中国低代码市场报告。同时，炎黄盈动的产品适配主流的国产软、硬件环境，为党政机关、国防军工、银行等企业用户提供覆盖全业务、安全自主可控的国产一体化平台，助力信创落地。目前，炎黄盈动的用户已覆盖军工、金融、教育、建筑工程、能源化工、汽车、生命科学与医疗、交通运输、制造、电商零售等行业。

炎黄盈动十九年来坚持自主研发与创新，产品功能包括低代码、智能流程、集成、移动、业务规则等。AWS PaaS 低代码平台的核心能力如图 13.5 所示。

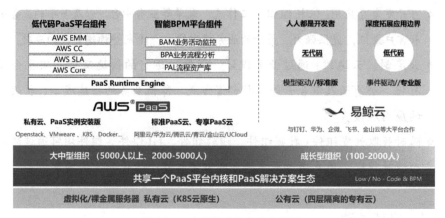

图 13.4 炎黄盈动的产品布局图

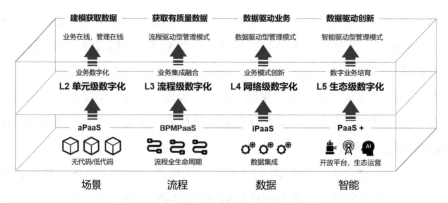

图 13.5 AWS PaaS 低代码平台的核心能力

AWS PaaS 低代码平台的核心能力如下。

● 赋能应用构建：使用低代码快速构建场景化应用，使企业掌握数字化转型的主动权。

● 赋能流程驱动：智能 BPM 可打通管理与信息技术之间的桥梁，加速推进业务集成融合。

● 赋能数据驱动：组织可通过 iPaaS 开放的连接能力，参与和探索数据驱动的业务创新方式。

● 赋能生态创新：开放云原生、多租户的 PaaS 服务，赋能上层数字业务培育和生态创新。

13.2.5　奥哲

奥哲创立于 2010 年，是国内领先的企业数字化服务商。秉承"科技驱动企业数智化"的使命，奥哲以十多年数字化的经验建立严谨的服务体系，服务超过 20 万家企业。

徐平俊是奥哲的创始人和 CEO，拥有近 20 年的信息化管理和数字化实践经验，致力于推动企业数字化的发展。联合创始人兼 CTO 张华是清华大学的软件工程硕士，是企业管理软件架构人才，曾任职于 Microsoft（中国）、Sharepoint 早期团队、联想集团、Oliver Wyman 等企业。奥哲团队中的技术人员占比高达 80%，团队规模已从成立时的两人扩大到现在的近千人。

目前，奥哲已经在深圳、北京、上海、广州、杭州、成都、武汉、西安、青岛建立了 9 个直属机构，辐射全国 200 个大中型城市的本地化服务网络，覆盖建筑业、制造业、地产业、能源业、金融业、互联网业、医疗业、教育业等三十多个行业。

奥哲的产品布局和核心优势如图 13.6 所示。奥哲致力于通过低代码，建立完善的低代码产品矩阵，提供数字化解决方案能力与不断创新的能力，为客户提供可信赖的产品与服务。目前，奥哲旗下拥有 3 个系列，并推出 4 款核心产品：面向专业开发人员的数字化引擎奥哲·云枢、流程管理引擎奥哲·H³BPM、面向

图 13.6　奥哲的产品布局和核心优势

数字化管理员的开发工具氚云，以及面向业务人员的数字化管理工具奥哲·有格。

通过完善的低代码产品，奥哲致力于解决业务与技术之间的沟通问题，为不同类型的企业进行服务。中小型企业可以使用奥哲·有格或氚云构建自己的业务系统；大型企业可以使用奥哲·云枢构建业务中台，或使用奥哲·H³BPM构建流程中台；集团型企业可以使用奥哲·云枢构建核心系统，并结合奥哲·有格解决数字化最后一公里的问题；互联网企业可以使用奥哲·云枢和氚云打通供应链全链路。

13.2.6　数睿数据

南京数睿数据科技有限公司（简称数睿数据）是数据驱动的企业级无代码平台的开创者和领导者，数睿数据致力于推动基于无代码平台的智能软件工程的全面落地，提升软件的交付效率，降低软件的交付成本。数睿数据已成功为 10 多个行业和 300 多家大型企业进行服务。

自 2016 年成立以来，数睿数据始终坚守"成就客户、尊重科学、以奋斗者为本"的价值观，以创新的软件开发模式，开启软件智能制造新革命，助力中国政企数智化转型，实现"人人尽享数据价值"的愿景。2021 年初，数睿数据完成了由红杉中国领投的数亿元 B 轮融资。在外部经济下行的大环境下，数睿数据经受住了严峻的考验，实现了约 600% 的新增合同收入增长和约 400% 的营业收入增长。数睿数据联合 40 多家头部软件企业，为超过 300 家客户提供业务服务，帮助客户解决需求急迫性、模糊性、易变性等问题，将项目交付周期缩短至数月。

数睿数据旗下主要有 smardaten 和 nextionBI 两种产品。nextionBI 是数据融合的增强分析型敏捷 BI 平台。数据驱动的企业级无代码平台 smardaten 是基于大数据应用体系的软件构建平台，将业务系统的流程逻辑、数据模型、展示主题等抽象为大量的组件化模块。用户通过拖曳组件化模块，即可快速创建页面、流程、业务逻辑等，实现全流程可视化开发应用。smardaten 以提升软件研发效率为核心，贯穿需求、设计、实现、运维等全流程，面向多角色实现高效协同，专注构建全流程无代码应用，将开发需求尽可能抽象为配置化能力，降低门槛并提高效率。图 13.7 展示了 smardaten 的平台架构图。

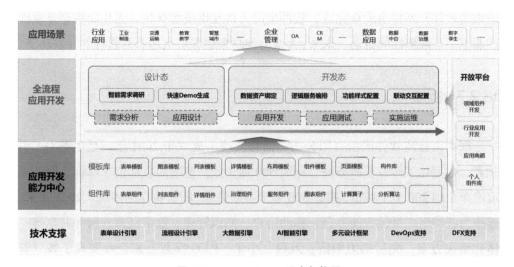

图 13.7   smardaten 平台架构图

smardaten 的核心特点如图 13.8 所示。

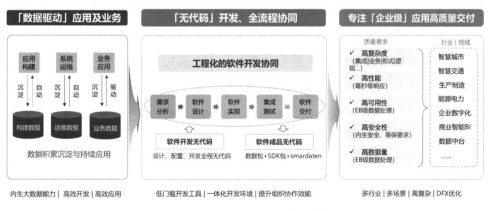

图 13.8   smardaten 的核心特点

数睿数据创新性地引入"软件工厂"生产模式,加速和简化应用的开发流程。通过流水线式的开发模式,将企业提交的需求拆分为订单的形式,并按照功能的类型,将订单分配至不同的生产线。通过无代码平台装配组件,最终实现模块和流程的集成、测试与部署。

数睿数据在数字化服务赛道上加速前行,希望助力更多行业。数睿数据认为,未来的软件开发将由大众完成，软件生产力将发生质的变化，无代码将会是软件产业下一个颠覆性的机遇。未来，大众将能越来越深层次地参与软件的开发环节。

13.2.7 蓝凌

深圳市蓝凌软件股份有限公司（简称蓝凌）成立于 2001 年，是生态 OA 引领者、数字化工作专业服务商、深圳 500 强企业。蓝凌的总部位于深圳，服务渠道遍布全国 200 多个城市，拥有 300 多个不断进取、积极协作的团队。20 多年来，蓝凌为各类组织提供智能办公、移动门户、知识管理、数字经营、财务共享等一体化解决方案，先后助力中信、万科、小米、P&G 等数万家企业实现了智慧管理与高效办公的目标，并与华为云、金山云等 50 多家厂商达成战略合作，累计为三千多万名用户进行服务。

蓝凌低代码平台通过"BPM + 技术赋能"的方式，通过拖曳操作快速实现应用的模块设计，降低应用的开发门槛，节约开发成本。2021 年，蓝凌低代码平台入选"2021 中国 ICT 技术成熟度曲线报告"，并荣获"2021 中国低代码平台年度创新产品奖"。

蓝凌低代码平台的框架如图 13.9 所示。企业通过蓝凌低代码平台，可打造

图 13.9 蓝凌低代码平台的框架

自己专属的 PaaS 服务和业务中台。企业利用蓝凌低代码平台提供的组织服务、主数据服务、集成中心、表单引擎等中台服务模块，无须投入额外的研发和技术成本，可构建满足企业个性化需求的功能应用，通过 API 接口打通企业原有的系统，实现企业的数字化全面升级。

此外，蓝凌低代码平台还提供开箱即用的企业经营管理类数字化应用，如合同管理、费用管理、合规管理、项目管理、全面移动化等，提升企业的业务创新效率。

- 合同管理：支持合同的在线起草和移动审核，并集成第三方在线签署服务，提高企业收入。
- 费用管理：支持预算编制、费用申请、报销、付款等全流程在线管理，确保费用的使用标准化，使成本可控、资金的利用效率高。
- 合规管理：通过主题门户聚合各类合规流程和文档，统一进行管理，为日后的监管检查提供合理的依据，满足监管的要求，提高合规工作的效率。
- 项目管理：对投标、合同、采购、费用、质量、安全等进行闭环管理，提高项目的一体化管控效率，确保项目高绩效产出。
- 全面移动化：采用 PC 端建模和移动端建模相结合的方法。PC 端建模拥有多种服务机制，满足业务需求；移动端建模采用前、后端分离技术，在移动端进行业务创新。

蓝凌低代码平台有如下优势。

- 更快：开发周期短，使用插件化的开发模式进行开发，难度低，无须精通开发语言，复用性好。
- 更省：开发成本低，人工成本低，维修成本低，无须修改代码，技术人员依赖度低。
- 更优：质量有保障，出错率低，界面美观，安全性高，运行快。
- 更灵活：可扩展性高，支持多种数据库，无须针对数据库单独进行配置，支持扩展开发，复用性好。

13.2.8　百度

百度（Baidu）于 2000 年 1 月 1 日在中关村创立，以"用科技使复杂的世界更简单"为使命，坚持技术创新，致力于"成为最懂用户，并能帮助人们成长的全球顶级高科技公司"。在云、人工智能、互联网融合发展的大趋势下，百度形成了移动生态、百度智能云、智能交通、智能驾驶等人工智能领域的多引擎增长新格局。

百度智能云以"云智一体"为核心，致力于为企业和开发人员提供全球领先的人工智能、大数据和云计算服务，同时提供易用的开发工具与平台，拥有生态伙伴近万家。同时，凭借先进的技术和丰富的解决方案，百度智能云为金融、制造、能源、城市、医疗、媒体等众多领域的企业提供服务，这些企业包括浦发银行、工商银行、招商银行、国家电网、清华大学、知乎、海淀城市大脑、央视网等。

爱速搭是百度智能云旗下的自主研发的低代码平台。秉承"随想即现，随需而变"的产品设计理念，爱速搭致力于拓展应用场景。爱速搭的应用场景如图 13.10 所示。

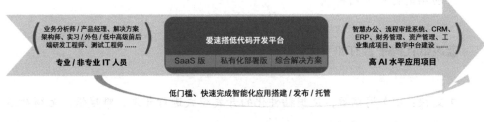

图 13.10　爱速搭的应用场景

早在 2016 年，爱速搭就被百度内部推广使用，历经百度搜索、贴吧、小程序等诸多核心业务和 300 多个部门、4000 多个应用验证。历时多年的实战打磨，爱速搭具有更智能、更灵活、更开放的产品优势。

- 更智能：爱速搭集成了 AI 能力，通过 AI 组件化、场景化、服务化的方式，将人脸识别、图像识别、语音识别、文字识别、语义理解等能力快速融入应用中，实现智能化应用的低成本开发。同时，爱速搭可与百度智能云的 AI 模型训练平台和 AI 中台充分融合，构建从"AI 建模、训练"到"应用构建、运行一体化"的智能应用平台。

- 更灵活：爱速搭致力于打造应用场景广泛、开发人员受用的低代码平台，支持模型、表单、IDE 多重驱动引擎和可视化开发、代码化配置开发以及前后端低代码能力解耦；支持外部数据库直连对接，支持多种数据同步模式，轻松对接、集成已有的业务。丰富的可视化组件、组件自定义功能、配置项，可满足多种交互需求；支持 API 能力接入和 API 的编排机制，满足更多场景；支持多隔离环境、无限版本的秒级发布与回滚，支持应用的独立部署；支持 PC、H5、大屏、App、小程序等多种应用形态，可应对不同的终端需求。

- 更开放：爱速搭率先开源其核心的前端低代码渲染引擎 AMIS，该引擎大幅提升了爱速搭前端能力的健壮性；后端资源部署松耦合，可与云资源、自有的 IDC 和第三方 API 能力进行对接，实现更宽松、更自由的架构方案；支持用户账号、组织架构、权限角色的接管与被接管，可与已有的 BPM、BI、RPA、门户系统融合使用，有效集成、利用已有资源。爱速搭的技术栈如图 13.11 所示。

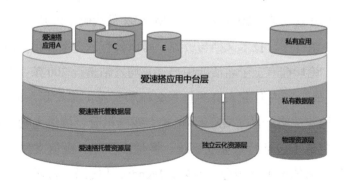

建立应用中台层，向下对接整合各数据源，向
上提供应用通用构建、发布、管理工具

图 13.11　爱速搭的技术栈

得益于百度强大的技术影响力、深厚的研发功底和生态积淀，以及出色的产品设计，爱速搭不仅作为高效能应用开发底座，在 IT 研发和泛互联网企业中被广泛使用，而且在智慧城市、智慧乡村、工业互联网、智慧金融、生产制造、教育科研、交通运输、能源、水务、零售、政务民生等千行百业中被广泛应用，为政府机关、事业单位、国资央企提供 IT 数字化底座、数字中台、业务中台与应用中台建设。爱速搭提供敏捷灵活的应用开发定制服务和一揽子行业信息化、数智化解决方案，赋能企业、政府更高效地完成数智化转型升级。

13.2.9　西门子

2021 年 1 月 19 日，西门子将 Mendix 低代码平台引入中国市场，为亟待解决数字化转型问题的中国企业带来了巨大动力，为寻找新型生产方式、转型方向以及商业模式的企业创造了先决条件。作为"一站式"低代码平台，Mendix 低代码平台以自身为核心，无缝整合包括人工智能、增强现实、物联网等在内的各种创新技术。美国、欧洲、中东等地区的跨国企业均通过 Mendix 低代码平台升级转型，并向内、外部的客户交付创新服务。大陆集团、苏黎世保险、康菲石油、迪拜政府和荷兰高速铁路运营商 NS 等均为 Mendix 低代码平台的重要客户。

在中国，Mendix 低代码平台可以在私有云和公共云上部署，并且完全可以在离线环境下进行开发，确保客户可自由操作。Mendix 低代码平台于 2021 年 4 月登录腾讯云，无缝整合了 PLM、EMS、ERP、CRM 等多个企业核心系统，以及一系列低代码开发功能。2021 年 5 月，Mendix 低代码中国开发人员论坛建成，包含应用商店、组件库、技术文档与资源、腾讯公有云方案和市场活动等中文版块内容。目前，论坛拥有上千名活跃用户，月均发帖量近 200 条，专业问题回复率达到 100%，成为国内开发人员的技术交流和资源汇集论坛。同年 11 月，西门子低代码本地化战略产品"MX 9"正式上线腾讯云，提供大量新功能，提升了开发体验，集成了包括腾讯会议系统、微信小程序、微信支付以及腾讯文档等在内的多种优秀的本地化服务。此外，Mendix 低代码平台还先后与上汽乘用车、中集车辆集团、富士康旗下云智汇以及润健股份等企业进行了一系列重要合作，为制造业、零售业、保险业、金融业等行业的企业提供支持，有效推动了中国产业的数字化转型和创新进程。国际权威机构 Forrester 在 2021 年发布的 The Forrester Wave 报告中显示，Mendix 低代码平台处于领导者地位，如图 13.12 所示，展示了低代码平台的战略 - 产品力示意图。

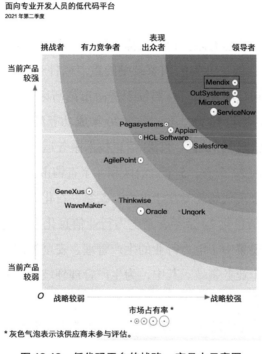

图 13.12　低代码平台的战略 - 产品力示意图

　　作为业界知名咨询机构，Gartner 每年都会发布企业低代码平台魔力象限报告。在 2021 年 Gartner 发布的报告中，Mendix 低代码平台以强势姿态，再度被评为全球企业低代码应用开发的领导者，这也是 Mendix 低代码平台连续三年排在最前列。Mendix 低代码平台在中国秉承了西门子深厚的行业知识和应用经验，在保持产品先进性的同时，打造优异的产品质量，坚守全心全意服务中国的理念。分别驻扎于成都和上海的两个研发团队以服务客户为运作核心，与国内的销售团队和支持团队保持极为密切的沟通，第一时间获得客户的反馈信息，并将有价值的反馈信息在产品中快速体现。必要时，研发团队还会与客户直接沟通，了解客户的需求，明确后期的改进方向。想了解更多关于 Mendix 低代码研发团队的情况，请参考文章"背靠全球，面向中国——Mendix 如何打造以客户为中心的本土研发团队？"。目前，Mendix 低代码平台的研发团队以两周为一个迭代周期，对外发布产品并进行更新，以"中国速度"服务中国客户。

13.2.10　金现代

金现代信息产业股份有限公司（简称金现代）是一家为电力、轨道交通、石化等行业提供信息化解决方案的国家鼓励的重点软件企业。金现代成立于 2001 年，注册资本为 43012.5 万元，总部位于济南市高新区，在北京、上海、广州、南京等 10 多个地区均设有子公司，于 2020 年成功登陆创业板。金现代已通过 CMMI5 级软件成熟度国际认证、ITSS 信息技术服务运行维护三级认证，提供的产品和服务遍布全国 22 个省、5 个自治区和 4 个直辖市。

自成立以来，金现代始终专注于电力、铁路、石化等行业的管理软件的研发与推广，深耕行业信息化 20 余年，是电力行业信息化十强企业之一。金现代提供的产品和服务主要集中于电力行业的生产管理、安全管理、基建管理、营销管理和调度管理等多个业务领域。其中，为生产管理领域提供的产品和服务是金现代的优势业务和核心业务。

图 13.13 展示了金现代的大型客户。金现代的主要客户为特大型央企，金现

图 13.13　金现代的大型客户

代已为 15 家世界五百强企业提供服务。在电力领域，金现代相继参与了国家电网、中国南方电网以及五大发电集团的信息化建设，是国内电力领域信息化建设参与度最高、参与面最广的企业之一。在铁路领域，金现代在科技创新、技术服务、监控运维等方面与国家铁路集团及其下属的多家信息化建设单位展开合作，成为铁路信息化建设的重要参建单位之一。此外，金现代还为其他行业的客户提供服务，如中石化、中石油、中国移动等企业。

轻骑兵低代码平台（简称平台）作为公司的代表产品，具备可视化低代码开发、组件复用、高安全性、高扩展性等特点，采用"所见即所得"的设计理念，提供拖曳配置式的页面和流程设计器，实现业务应用的快速开发；平台通过"开箱即用"的高质量开发组件，帮助企业沉淀数字资产，实现数字化转型；平台符合国家信息安全等级保护标准，全面支持国产化软、硬件生态体系，信息安全自主可控；平台支持接口与代码融合，满足第三方的集成需求。同时，平台承担了国家工业和信息化部 2020 年协同攻关和体验推广中心项目、山东省重点研发计划（重大科技创新工程）项目、山东半岛（济南）国家自主创新示范区发展建设项目等项目。基于平台开发的项目和产品数量有上千个，项目总金额为数十亿。平台荣获中国软件行业协会年度优秀软件、中国行业信息化最佳产品、山东知名品牌、山东省首版次高端产品等几十项荣誉。

未来，金现代将秉承"打造百年企业"的宏伟目标，努力成为国内一流的大型企业，争取为国内信息化产业的发展作出更大贡献。

13.2.11　伙伴云

伙伴云旨在打造新一代管理者的数字化潮玩。在这里，无须代码开发，几分钟就能使用伙伴云完成应用搭建。用户可自由组合功能模块，像搭积木一样，快速搭建出自己想要的系统模型。伙伴云不仅是一款工具，更是一种新潮的协作方式。

作为一家无代码数据协作平台，伙伴云凭借"Discuz!"原班人马的极客基因，以及强大的 aPaaS 底层操作系统，已全方位覆盖企业数字化管理的需求，持续助力企业数字化转型升级。

目前伙伴云已成为元气森林、泡泡玛特、蔚来汽车、贝壳、良品铺子等企业的选择，累计为 20 多万家企业进行服务，超过 240 万名企业员工在线使用伙伴云。

戴志康，生于 1981 年，现任伙伴云董事长兼 CEO，是中国最早的 PHP 开发人员之一。2001 年，戴志康创立的互联网社区论坛软件"Discuz!"，已被超过 100 万个网站所采纳，成为全球用户数量最多的社区产品之一。2017 年，戴志康出任伙伴云 CEO，推出国内最早的无代码平台。伙伴云已获得红杉资本、五源资本（原晨兴资本）的联合投资。

伙伴云的发展历程如下。

2012 年，伙伴云的所属公司伙伴智慧（北京）信息技术有限公司正式成立，确定以灵活的数据协作作为核心的业务方向。

2013 年，基于客户需求开发的 aPaaS 引擎"huoban V1.0"诞生，并完成 500 万人民币天使轮融资，投资方为伙伴创投。

2014 年，"huoban V1.0"升级为"huoban V2.0"，获得晨兴资本、红杉资本的 A 轮和 A+ 轮投资。

2015 年，伙伴云表格正式对外发布，升级为"huoban V4.0"，注册用户超过 30 万。

2019 年，伙伴云表格正式更名为伙伴云，自助付费系统上线，付费企业超过 1000 家，日活跃用户的数量突破 10 万。

2020 年，企业微信应用在市场上线，成为企微应用"推荐"项。

2021 年 5 月，伙伴云完成 1700 万美元的 B 轮融资，由红杉资本、五源资本共同领投，挑战者资本跟投。12 月，伙伴云完成 B+ 轮融资 4000 万美元，其中红杉资本、五源资本再次加持。

2022 年 1 月，伙伴云作为企业微信的独立软件服务商，凭借在无代码领域的突出表现，从几千家厂商中脱颖而出，被评为"2021 年度十大优秀合作伙伴之一"。

伙伴云的界面示意图如图 13.14 所示。

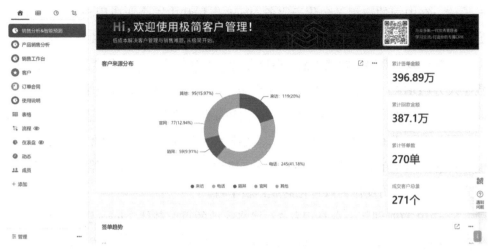

图 13.14　伙伴云的界面示意图

伙伴云的主要功能如下。

● 云表格：无须掌握复杂的公式或函数，即学即用，小白也能轻松上手。
● 云分析：无须额外的 BI 软件，从复杂的表格和数据中解放出来，通过简单的拖曳操作，即可形成可视化报表，快速分析业务关键指标。
● 云流程：计划、跟踪和管理各种类型的工作。

13.2.12　用友

用友创立于 1988 年，是全球领先的企业云服务与软件提供商。用友致力于用创新思维与技术推动商业和社会进步，通过构建、运行全球领先的商业创新平台，助力企业数智化转型，提供商业创新服务，帮助数百万家企业获取数智价值。

根据 Gartner 的研究显示，用友是全球企业级应用软件 TOP10 中唯一的亚太厂商，也是唯一入选全球云 ERP 市场指南和综合人力资源服务市场指南的中国厂商。据 IDC 和赛迪顾问的研究显示，用友一直占据中国企业云服务市场的领导地位，在中国的应用平台化云服务 aPaaS 市场和中国企业应用 SaaS 市场上也处于领先地位，是中国企业数智化服务和软件国产化自主创新的领导品牌。

用友在数字营销、智慧采购、智能制造、敏捷供应链、企业金融、智能财务、数字人力（DHR）、协同办公、数智平台服务等领域为客户提供数字化、智能化、高弹性、安全可信、平台化、生态化、全球化和社会化的企业云服务产品与解决方案。

用友秉承"用户之友、持续创新、专业奋斗"的价值观，为客户持续创造价值。目前，用友在全球拥有 230 多个分支机构和 1 万多家生态伙伴，众多行业的领先企业都选择用友作为数智化商业创新平台。

YonBIP 商业创新平台是用友 3.0 战略落地的重要载体，iuap 是 YonBIP 商业创新平台的技术底座，YonBuilder 低代码平台依托 iuap 多年的技术沉淀，基于云原生、多租户、模型驱动等核心技术，面向包括原厂开发、ISV 开发、本地化开发、企业自建、个人开发人员在内的全生态，提供低代码的可视化开发能力，实现快速、简单的应用构建，有效降低技术门槛，提高产品交付效率，助力企业低成本、便捷地实现商业创新。

为了满足不同类型的开发需求，YonBuilder 低代码平台提供无代码可视化应用构建和全生命周期应用开发两个版本的产品。在无代码可视化应用构建中，业务人员可通过无代码声明式的配置，轻松完成应用的创建和扩展，企业信息化实施顾问通过在线脚本，提供个性化的业务逻辑控制，无须关心代码和部署运维，专注于业务逻辑的实现，灵活搭建应用。在全生命周期应用开发中，除了支持标准的建模过程和设计器的能力，还提供开发资源管理、脚手架下载、本地开发调试、CICD、发布上线、生态应用上市的全生命周期管理，可帮助专业开发人员完成更复杂的企业级应用开发。

YonBuilder 低代码平台通过全代码、低代码、无代码三种层次的服务和工具，帮助业务用户、实施顾问、行业专家、专业开发人员在相同的平台上共建应用、相互支持，让人人都能成为业务应用的创造者。

同时，基于 YonBuilder 低代码平台的生态圈正在加速蓬勃发展。用友已全面构建围绕 ISV 的全生命周期服务，包括 ISV 伙伴技术赋能、学习认证、开发指导、营销与融资赋能等形态丰富的开发服务，帮助 ISV 快速与用友建立深入的合作关系，共同为广大客户服务。YonBuilder 低代码平台的特点如图 13.15 所示。

图 13.15　YonBuilder 低代码平台的特点

YonBuilder 低代码平台在移动开发领域同样有强大的性能。APICloud 开发技术作为产品序列的重要组成部分，全面融入 YonBuilder 低代码平台，进一步加速 YonBIP 商业创新平台的发展。同时，前端的跨平台技术和后端的数据模型采用松耦合的方式连接，快速集成企业级后端业务的 API 能力，形成具备较强扩展能力的行业解决方案，以平台化、标准化的产品形态满足企业级应用的复杂需求。

13.2.13　轻流

上海易校信息科技有限公司（简称易校）成立于 2015 年，总部位于上海，在北京、广东、江苏、湖南、重庆、新疆等地均设有分支服务机构。目前，易校已经完成了由腾讯投资、源码资本、启明创投等数家知名投资机构的数亿元融资，拥有数百名员工。

轻流是易校推出的无代码平台。通过使用轻流，用户无须代码开发，即可搭建专属的管理系统，管理者也可通过轻流将自己的想法落地为个性化定制系统，实现管理理念的数字化转型升级。轻流坚持"技术赋能业务"的使命，致力于成为人人想用、可用、会用、在用的无代码领域标杆企业。

通过轻流提供的表单、自定义的业务流程、丰富的数据报表、灵活的权限管理以及自动化业务机器人 Q-Robot，企业可进行多元化的业务管理。同时，轻流提供丰富的拓展插件和开放接口，支持上千个系统互联互通，助力企业进行内部协作管理与外部业务管理。

自上线以来，轻流已经服务超过 50 万家客户，包括海内外企业、政府机关、学校等，帮助他们提高团队的管理和协作效率。目前，轻流已为清华大学、卡特彼勒、超威集团、华润医药、上海交通大学、三只松鼠、美素佳儿、霍尼韦尔、小米等知名企业或机构进行服务。轻流还可以满足互联网、制造、零售、教育、工程建筑、金融、生活服务、娱乐传媒等数十个行业对管理系统的需求。此外，轻流还为企业资源管理、生产管理、项目管理、订单管理、客户关系管理、人事行政管理等近百个业务场景提供数字化解决方案。轻流适用的行业与场景如图 13.16 所示。

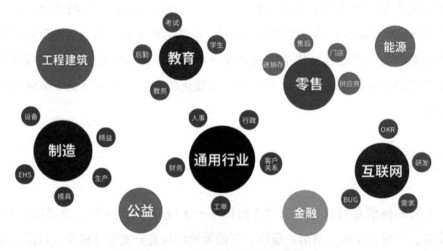

图 13.16　轻流适用的行业与场景

除了之外，易校构建了功能完善的技术架构，如图 13.17 所示。

为拓展平台的宽度，易校打造了原生 BI 产品轻析，凭借数据源、数据集、可视化、开放能力这四大特性，轻析打通了业务系统和 BI 平台之间的双向连接，大大降低了企业成本的损耗。

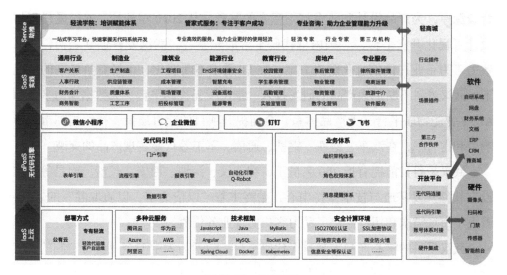

图 13.17　技术架构

为拓展平台的深度，易校推出了整合"三大中心一大体系"的轻代码，将技术和业务进行耦合，开发人员可更快地与其他系统进行集成，无缝对接企业系统。反之，开发人员也可以通过轻代码提供的开放能力，拓展更多能力插件，并可将能力插件快速集成至无代码平台中，从而解决拓展性的问题。

为拓宽平台的广度，易校上线了轻商城，包含应用中心、插件中心和服务中心，打造无代码信息化的一站式服务平台。

通过多年积累的产品研发经验，易校已经打造出具有业内领先的产品矩阵，全面保障各个规模和阶段的企业数字化落地。

13.2.14　武汉爱科

武汉爱科软件技术股份有限公司（简称武汉爱科）创立于 2001 年，致力于帮助企业构建更高效、更敏捷、更智慧的综合数字化管理平台，推动企业快速实现数字化转型。经过二十多年的发展，武汉爱科推出了应用落地、数据落地、数据预测等全套数字化管理产品体系，并为制造行业、建筑行业、市政院所提供一站式数字化解决方案，使管理更便捷，使决策更智慧，使连接更顺畅。

武汉爱科的核心团队由来自微软、华为、明源等公司的高端人才组成，技术背景深厚，为产品设计和研发打下坚实的基础。从 2010 年开始，武汉爱科规划设计可视化开发平台，是国内低代码平台的先驱者。武汉爱科创立之初，主要致力于为企业提供信息化解决方案。在 IT 需求不断变化、市场竞争加剧的情况下，武汉爱科不断加大产品的研发投入，推出了无代码平台、大数据能力平台和 AIOT 智能物联平台三大产品体系，全面提升项目的交付质量，持续提高市场影响力和占有率，在汽车、地铁、钢铁、通信、军工等行业实现产品的突破。

武汉爱科目前拥有近 200 名员工，在武汉、深圳、西安、长沙、南昌等地均设有软件开发基地与技术支持中心，始终本着"以信为本，以质取胜"的宗旨，着眼于市场需求和用户需求，助力客户实现业务价值。

武汉爱科的核心产品为爱科无代码平台，包括为大中型企业量身定制的私有化产品 S2 平台、服务于中小型企业的公有云产品灵卯云。

爱科无代码平台基于云原生技术，具有容器化封装、分布式、面向微服务的特征，基于可视化拖曳的方式，无须编程即可快速搭建简单的应用，利用少量代码即可完成复杂应用的开发。技术人员和非技术业务人员均能参与系统开发，加速企业信息化建设，快速实现业务需求，为企业数字化转型赋能。爱科无代码平台的框架如图 13.18 所示。

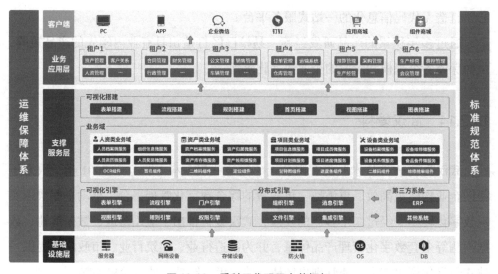

图 13.18　爱科无代码平台的框架

爱科无代码平台颠覆了传统的编码开发模式，各行各业的员工无须编写代码，通过"搭积木"的形式，即可构建个性化的管理系统。

13.3　低（无）代码应用案例

目前，随着移动互联网的快速发展，使用低（无）代码平台开发的应用类型主要以移动端为主，在现阶段，小程序类的开发需求最多。在低（无）代码厂商的大力推动下，会有更多企业使用低（无）代码平台，低（无）代码平台的市场渗透率会越来越高。

下面将介绍低（无）代码应用案例，介绍不同行业在数智化升级的过程中如何解决痛点问题，以及低（无）代码在解决问题的过程中体现出的优势和价值。

13.3.1　智慧地产：葡萄城和景瑞地产（集团）有限公司

1993 年，景瑞地产（集团）有限公司（简称景瑞地产）在上海创立，是一家涉及房地产开发、建筑装饰装修、商业运营、物业管理等业务的全国化品牌地产开发集团，多次获得"中国房地产开发企业 50 强""中国地产百强运营效率Top10"等荣誉。景瑞地产希望通过信息化建设提升运营效率。为此，景瑞地产已成功创建金蝶 EAS、泛微 e-Cology 和明源等业务系统，并采用钉钉作为沟通工具。这些业务系统均由景瑞地产的开发团队负责运营和维护，开发人员不足 10 人。

1、问题描述

随着业务的不断发展，原有的系统逐渐出现覆盖面不足、与实际业务贴合度低等问题。系统只有紧跟企业的经营方式进行迭代优化，才能对业务起到有效的支撑作用。因此，景瑞地产必须调整以往的信息化建设思路，加强自主研发，提高软件迭代和优化的速度，从而实现"敏捷灵活、自主可控"的目标。然而，开发人员使用传统的编码开发方式无法满足景瑞地产对信息化建设的新需求。如何充分挖掘现有开发团队的潜力，提升软件开发能力，有效利用现有的数据和服务，构建可持续迭代、面向未来的新一代数字化系统？

2、解决方法

作为新一代的软件开发技术，低（无）代码逐渐受到景瑞地产的关注。开发团队对比了近十家低（无）代码平台，在考虑专业性、可维护性、系统集成能力等因素后，最终选择活字格企业级低代码平台，并通过该平台打造了能对接OA、金蝶和钉钉的景瑞地产数字化平台。景瑞地产使用活字格企业级低代码平台完成了如下工作。

- 异构系统：对原先的销售管理系统和成本管理系统进行二次开发。
- 替换老系统：快速重写原来的客户面对面系统和员工订餐系统，提升服务水平。
- 开发新系统：实现OA和金蝶系统的凭证对接，提升财务管理能力。
- 移动端开发：在钉钉工作台上开发总裁面对面、瑞豆积分管理等内部协作模块，提升办公效率。

景瑞地产数字化平台的架构如图13.19所示。

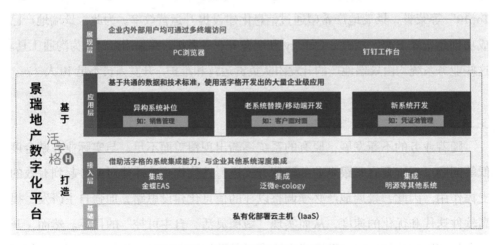

图13.19　景瑞地产数字化平台的架构

3、应用效果

相比于为特定应用场景构建单独的应用，采用基于低（无）代码平台的开发方式不仅可以解决数据孤岛问题，还能通过复用现有的数据和业务能力，大幅降低应用开发的投入成本，使 IT 资产保值或增值。

作为景瑞地产数字化平台的建设者，开发团队可从以下方面受益。

- 高效高质：通过简单的开发方式，可快速、高效、高质量地满足企业业务和经营的信息化需求，大大降低对开发人员的能力要求。
- 自主可控：实现了技术可控和成本可控。相比于传统的开发方式，使用低（无）代码平台可大幅降低成本。自主研发也使开发人员有更多的自主性，从而获得更多的信任和自主权。
- 多平台支持：支持 PC 端和移动端，且能和钉钉等应用无缝配合，为用户提供良好的使用体验，应用场景不受限制。

13.3.2　智慧汽车：得帆信息和安徽江淮汽车集团股份有限公司

安徽江淮汽车集团股份有限公司（简称江淮汽车）始建于 1964 年，是一家从事动力总成研发、生产、销售全系列商用车和乘用车的企业，以"先进节能汽车、新能源汽车、智能网联汽车"为目标，与大众汽车、蔚来汽车等知名企业分别建有合资公司，与蔚来汽车联合打造的智造工厂，采用"互联网＋智造"模式，拥有国内自主品牌的首条高端全铝车身生产线。江淮汽车拥有一个 60 人左右的开发团队，经过 20 多年的信息化建设，开发团队构建了 ERP、BOM、DMS、PLM 等 100 多个信息系统，在企业的发展中起到了非常重要的作用。

1、问题描述

江淮汽车在推进数字化转型的过程中，主要遇到了如下问题。

- 敏态业务和长尾需求大量增加，需要更敏捷的数字化平台。

- 存在各类异构系统、复杂设备和海量数据，底层数据难以打通，逐渐形成数据孤岛，无法提高大规模边缘计算的效率。
- 需要拥有公民级产品的构架能力，业务部门可自主创建和修改数字化产品。

2．解决方法

为了解决上述问题，江淮汽车从 2020 年开始对低（无）代码平台、数据中台、统一 API 平台进行选型。在参访行业对标企业后，对产品、厂商品牌、口碑、产品 POC 能力进行考察，江淮汽车最终选用了得帆云低代码系列产品。以低代码平台 DeCod、企业集成平台 DeFusion 为核心，企业门户 DePortal、主数据平台 DeMDM、数据中台 DeHoop 为辅助，构建了江淮汽车的一体化技术中台，即江淮技术中台，提升了数字化建设的能力，推动企业的数字化转型。

江淮技术中台的框架如图 13.20 所示。

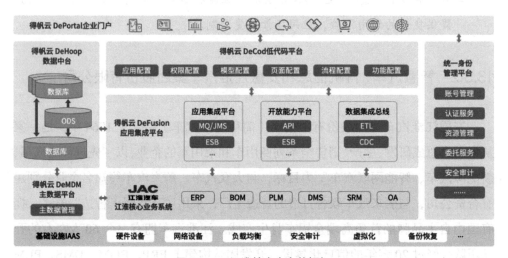

图 13.20　江淮技术中台的框架

3．应用效果

（1）大幅度提升江淮汽车的数字化效率。江淮汽车通过低代码平台构建了数十项原生行业级应用，包括化工桶管理、劳保用品采集、物资管理等应用，以及工厂、车间的无纸化应用。江淮技术中台的构建效率大幅提高，项目实施周期由预计的数月，缩短至 1 个月完成上线。

（2）江淮汽车通过低代码平台，创造多源数据连接通道，兼容既有的平台能力和业务系统，以云原生架构为基础，向下兼容现有的基础组件和平台能力，向上兼容 ERP、BOM 等既有系统，实现数据的共享和高效流转。

（3）提升开发人员和业务人员的沟通体验和设计体验，加速数字化应用构建和解耦化进程。江淮技术中台支持应用上线后持续调整，开发团队可敏捷地满足不停迭代的业务需求，最终的交付成果也更符合业务部门的需求和预期，满意度显著提升。

在经过 1 个月的产品部署和产品培训后，江淮汽车已通过低代码平台 DeCod 构建了数十个应用，其中的大部分应用由业务部门自行设计和构建。此外，通过企业集成平台 DeFusion，江淮汽车创建了 100 多个 API 接口，实现数十个异构系统和设备之间的高效交互。基于数据中台 DeHoop，江淮汽车对车联网系统采集的数据进行处理和分析，为后续数字大屏、运维监控平台的构建提供了稳定的数据底座。基于企业门户 DePortal，江淮汽车构建了企业身份管理平台，集成 100 多个异构系统，实现了一次登录、全网通行的功能。

13.3.3 智慧制造：致远互联和浙江省国际贸易集团有限公司

浙江省国际贸易集团有限公司（简称浙江国贸）主要从事商贸流通、金融服务和生命健康等业务，旗下拥有 300 多家控股企业，在岗职工 2 万余人。2021 年，浙江国贸实现营业收入 842.7 亿元。

随着浙江国贸规模的不断发展和人员的不断壮大，如何保证组织和人员之间能进行有效沟通、业务之间能进行高效流转、提升整体的管理运营效率，逐渐成为浙江国贸需要重点解决的问题。从初创伊始，浙江国贸就呈现出多样化的业务态势，拥有众多子集团，出现了不少管控难题。

这其中，信息孤岛问题尤为明显，这导致浙江国贸在日常的运营管理时，出现"数据不可看、工作不可管、业务难指导"的问题。例如，领导想要了解子集团的发展情况，基本沿用传统的手工申报方式，不仅效率低，而且数据的准确性无法得到保证。

为解决这些问题，浙江国贸与致远互联进行深度合作，共同规划信息化蓝图，并提出了"由弱管控向强管控转变"的战略目标。基于此目标，浙江国贸首先进行了顶层设计，对所有的需求进行全面梳理，并在 IT 治理方面相继出台各项制度。同时，针对信息孤岛问题，浙江国贸也出台了集团数据资源管理办法，通过构建企业级数据中心，进而解决数据孤岛问题。

为此，浙江国贸设计了三大系统平台：业务管理平台、数据分析平台和致远互联协同运营平台。致远互联协同运营平台以致远互联协同运营中台为核心，将业务管理平台和数据分析平台打通，实现数据的互联互通，加速了集团数据中心的建设。

未来，浙江国贸将继续以致远互联协同运营平台为核心，全面打通集团内各系统的数据交互与流转通路，彻底解决信息孤岛问题，真正实现数据驱动业务的转型和增长，从而实现数字化转型，踏上高质量发展的新征程。

13.3.4　智慧制造：炎黄盈动和上海市基础工程集团有限公司

上海市基础工程集团有限公司（简称基础集团）始创于 1919 年，隶属于上海建工集团股份有限公司。随着基础集团规模的不断扩大，现有的信息系统已无法满足日益增长的业务需求，存在如下问题。

- 制度、体系和实际的流程不一致，项目流程不顺畅。
- 移动端办公体验差。
- 应用的系统性不强、功能单一、友好度较低、安全性不高。

经过长期调研，基础集团选择了炎黄盈动的 AWS PaaS 低代码平台。根据建筑行业的项目管理规范，快速构建项目招投标、项目策划、质量管理、安全管理、进度管理、成本管理、竣工验收、项目结算等流程，建立数据强相关、不需要纸质表单的数字化管理中台系统，解决了流程管理的难题。基于 AWS PaaS 低代码平台的微应用架构，基础集团建立了"一云网、两核心、六平台"的体系，即一套融合云网、两大核心系统、六大基础平台，全面提升企业的数字化管理水平。基础集团的数字化管理中台系统的架构如图 13.21 所示。

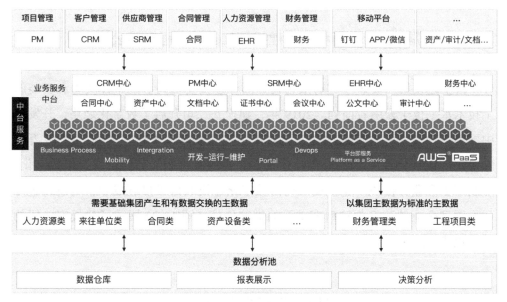

图 13.21　数字化管理中台系统的架构

基础集团使用 AWS PaaS 低代码平台的应用资源实例化技术，实现对应用进行构建、分发、安装、运维、升级、卸载的全生命周期管理；基础集团使用共享平台能力，对应用统一进行开发和更新，30 多个子公司可一键复用应用；基础集团使用 AWS PaaS 低代码平台，持续快速构建新应用，满足基础集团长期发展的规划，降低成本，提高运营效率，助力数字化转型。

基础集团基于 AWS PaaS 低代码平台构建的数字化管理中台系统实现对应用的统一开发、更新和迭代，大幅降低开发成本和运维成本，自动化实现应用和流程的数据联动，持续闭环的数字化流程管理，加速推进业务集成融合，汇聚内、外部的数据和服务，不断降低数据集成的门槛，助力基础集团数字化转型和运营创新。未来，基础集团将进一步完善业务中台建设，助力系统升级，将各业务领域在信息层面统一进行整合，顺利传递信息、共享信息，并为基础集团的流程战略持续提供服务，持续提升基础集团的数字化能力和管理水平。

13.3.5　智慧地产：奥哲和云南建投第二安装工程有限公司

云南建投第二安装工程有限公司（简称建投安二司）的整体实力和安装施工技术水平位于云南省前列。2019 年，建投安二司开启了数字化之路，开发了中国首个由建筑企业发起的数字化农民工实名制管理平台，实现了对 18 万名农民工的数字化管理。2020 年，建投安二司的所有职能部门全面拥抱数字化，上线了更多业务板块。建投安二司的数字化建设取得了显著成效，对建筑企业和集团型企业的数字化转型有重要的借鉴价值。图 13.22 展示了建投安二司的数字化建设成果。

从用章用车切入，
实现人员在线、组织在线、业务在线

通过氚云人脸识别+钉钉考勤，实现了对 **18 万**农民工的数字化管理，解决 **22 家**项目部级、直管部级、子公司级、集团级**复杂流程**设计，**银企直连**，银行根据平台工资报表把工资直接发到农民工卡中，对各地项目进度精确管理，累计管理 **1400 个**项目，系统参与 **3.5 万**员工

图 13.22　建投安二司的数字化建设成果

2019 年，国家要求对所有施工现场的建筑工人进行实名制管理。当时，集团使用的农民工实名制管理平台的成本很高，建投安二司希望寻找更高效的解决方案，于是使用奥哲旗下的氚云，成功开发了实名制管理平台。氚云具有高效的特性，极大缩短了平台的开发时间，从开始开发到第一个项目落地，历时仅两个

月。实名制管理平台能根据不同的需求进行快速调整。

在后续的迭代过程中，建投安二司将实名制管理平台与银行进行了银企直连。银行根据平台的工资报表，直接将工资发到农民工的工资卡中，有效解决农民工的欠薪问题，具有社会意义。农民工实名制是农民工权益保障的基础和开端，农民工的务工主动权得到了质的提升。

看到数字化赋能农民工实名制管理的成果后，建投安二司全面梳理了设备物资管理的目标、流程和痛点，与奥哲共同开发了设备物资管理平台。与建筑行业传统的材料管理平台不同，设备物资管理平台将所有参与现场供货的供应商全部进行管理，合同签订、材料出库、收料、领料等流程都通过设备物资管理平台进行管理，简化了填写供应单、签字、完成入库单等人为操作，保证了数据的及时性、准确性、统一性。

设备物资管理平台上线后，进行了多次迭代、升级。截至 2020 年 10 月，设备物资管理平台已经入驻 400 多家合格的供应商，签订的合同多达 1200 份。

除了实名制管理平台和设备物资管理平台，建投安二司还与奥哲共同构建了农民工保险管理平台、分包管理平台、审计管理平台、财务管理平台等。目前，人力、行政、安全、技术、物资、财务、信息中心等业务部门的管理需求都有数字化的解决方案，有效解决各业务部门分散管理带来的业务孤岛、数据孤岛等问题。此外，建投安二司通过庞大的数据整合系统，对数据进行集成，打造数据管理驾驶舱，使整个企业的数据有了"归宿"，对管理决策有关键的支撑作用。

13.3.6 智慧传统软件：数睿数据和山东亿云信息技术有限公司

山东亿云信息技术有限公司（简称亿云）创始于 2011 年，是新一代信息技术领军企业和国企科技创新示范企业。亿云专注于云计算、大数据、人工智能技术的应用研究，持续研发自主可控的中台产品，为政府和行业客户提供多场景的信息化、数字化和智能化服务，一站式满足客户从规划设计、研发交付到运维运营的全流程需求。

亿云提供丰富的云服务和数据中台能力，赋能多领域客户，主要的业务领域包括云服务、智慧政府、智慧工信、人才服务、供热、水务等。

在进行项目交付时，亿云的开发人员不足，需要通过通用型产品化能力，支撑多个业务线，从而降低开发成本，提升营收效能。

为了解决上述问题，亿云与数睿数据进行了产研合作和产线合作。

（1）产研合作

数睿数据通过产品集成，强化了亿云数据中台的数据可视化能力，亿云数据中台与天枢大数据平台的数据层面实现了融合，提升了数据融合与数据交互的能力。

同时，数睿数据利用 smardaten，协助亿云创建了行业级的解决方案产品，使业务模式从项目型向产品型转变。亿云为智慧工信事业部、智慧供热相关部门提供平台支持，打造行业级解决方案产品。

产研合作的具体内容如图 13.23 所示。

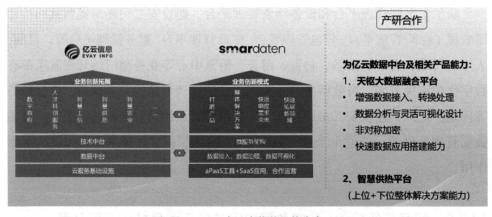

图 13.23　产研合作的具体内容

（2）产线合作

数睿数据为亿云数字政务、企业信息化等项目提供支持。亿云采用软件工厂模式，实现快速无代码配置。对于特殊的需求，亿云发挥自身的开发能力，结合 smarden 进行二次开发。数睿数据在此过程中提供产品培训、技术支撑、运维等服务。

13.3.7　智慧养老：蓝凌和悦心养老产业集团

近年来，人口老龄化进程不断加快，为我国的养老服务体系建设带来了挑战。当然，养老行业也在积极拥抱新兴技术。蓝凌作为数字化办公领先品牌，深耕数字化转型 20 余年，结合当下养老行业最新的实践案例，聚焦养老行业的数字化转型。

悦心养老产业集团（悦心养老）已经相继建立了 21 家悦心居家养老服务中心，业务辐射多个城市。在项目管理上，悦心养老存在异地项目难掌控、数据不统一等难点。为了有效提高工作人员的办公效率，使内部沟通和流程审批更加顺畅、及时，悦心养老携手蓝凌构建更安全、稳定、便捷的办公平台，提升管理效率。

1. 通过低代码平台，快速实现数字化项目管理

蓝凌低代码平台包括项目立项、项目预算、项目采购、合同申报、收款、报销等项目管理流程，管理层可直接通过项目管理，轻松了解每个部门的采购需求、项目合同、费用等情况，并根据实际情况进行审批。员工也可以使用立项、预算、报销等流程进行审批，使内部沟通、流程审批、信息传达更加顺畅、及时。

2. 构建统一办公平台，养老院"人、事、物"在线管理

养老院的运营离不开护工，护工的培训和管理成为了难点。悦心养老的老年客户情况不同，需要为每位客户建立在线档案进行管理。同时，悦心养老的员工有 300 多名，沟通成本较高。此外，费用报销的流程常常需要很多天，影响服务效率。因此，蓝凌为悦心养老构建了统一办公平台，将人事、行政、固定资产等进行统一管理，大大提升内部协同效率。

- 人事管理：包括员工绩效管理和员工黄页管理，便于对护工进行管理、考评、排班等工作。
- 行政管理：包括客户档案管理、证件管理、资产管理、会议管理、供应商管理、印章管理等，减轻行政人员的负担。

● 固定资产管理：包括固定资产的申购、领用、维修、变更等管理流程，大大简化流程。

3. 可视化流程，使审批流程"看得见"

悦心养老内设办公室、事务部门、护理部门、财务部门等部门，各部门各司其职，业务数据繁多，统计、调用数据十分麻烦。为此，蓝凌为悦心养老打造流程管理系统，能满足第三方系统的流程接入，实现对人事流程、项目流程的统一管理。管理层可通过钉钉查看每日护理情况和流程审批情况，提高审批效率。通过蓝凌低代码平台，悦心养老大幅度提升了养老服务的质量，更好地满足了老年客户的社交、生活服务、健康管理等需求，为我国养老保障体系的构建与完善贡献了力量。

13.3.8　智慧产业：百度和国内某头部股份制银行

本案例的客户为国内某头部股份制银行。该银行始终积极求变，以科技敏捷带动业务敏捷，打造金融科技银行。随着银行业务数字化的飞速发展，该银行面临着业务变化频繁、需求积压、IT 部门压力大等问题。传统的编码开发方式已经无法快速响应高频、紧急的业务变化需求，亟须升级开发模式。

为更好应对银行内部快速响应业务变化、提升应用开发效率的诉求，该银行与爱速搭进行合作。爱速搭的核心功能如图 13.24 所示。

爱速搭为该银行提供了如下解决方案。

（1）可视化开发，降低开发门槛

一方面，爱速搭依托可视化开发引擎，集成百余款成熟的组件，银行的业务人员通过简单的拖曳操作，即可完成复杂的页面设计，大幅降低开发门槛。另一方面，爱速搭依托多数据源接入、逻辑编排、多维度模板等特性，帮助该银行实现业务逻辑可视化配置和数据资产、研发资产的高效复用，进一步降低开发门槛，从而有效降低开发复杂度。

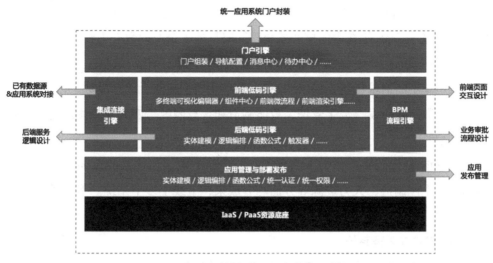

图 13.24　爱速搭低代码平台的核心功能

（2）开发部署一体化，缩短交付周期

该银行利用爱速搭，将需求分析、原型设计、架构设计、软件开发、测试验收、部署发布等环节合为一体，通过拖曳操作完成需求分析和原型设计，一键完成后端配置，并可实时预览效果。

（3）中台化架构，助力技术升级

不同于传统的开发模式，该银行利用爱速搭，建立了应用中台，向上提供通用的构建、发布、管理工具，从而满足内部应用开发和应用迭代的需求；向下对接整合各类数据源，横向打通数据层，实现银行内部的技术架构升级。

引入爱速搭后，该银行开发并上线 60 多个系统，并且覆盖了 70% 的信息技术部门。基于可视化的开发模式，降低了开发人员的门槛，显著提升开发效率，大幅缩短业务部门的需求响应周期。

13.3.9　智慧汽车：西门子和上海汽车集团股份有限公司乘用车分公司

上海汽车集团股份有限公司乘用车分公司（简称上汽乘用车）是上海汽车集团股份有限公司的全资子公司，承担着上汽自主品牌汽车的研发、制造与销售等工作。

在长期的信息化发展过程中，上汽乘用车已搭建包括 ERP、PLM、WMS、QMS、MES、TMS 等在内的核心系统，同时打造了企业的数据中台和技术中台，成功实现研发、生产、销售等业务环节的自动化和流程化。从信息化到数字化，上汽乘用车不断追求创新，提出"1+4"数字化转型战略，以产品数字化为核心，积极推进数字化研发、数字营销、智能制造和智慧园区等四大业务体系的全面数字化转型。

Mendix 低代码平台作为上汽乘用车打造新型数字化体系的重要尝试，在营销销售、生产制造、人力资源等方面均有成果，上线了多个系统。下面举例进行说明。

（1）缺料车管理系统

芯片短缺是汽车行业普遍面临的问题。缺料车是指缺少芯片的汽车。如何有效管理缺料车是上汽乘用车需要解决的问题。Mendix 低代码平台花费一周时间向业务部门收集需求，并用一周时间完成缺料车管理系统的开发、测试、上线工作。

（2）人力数字运营管理系统

为了有效控制成本、管理员工，人力的精益管理是上汽乘用车提出的重要措施。上汽乘用车构建了多层级的人力数字运营管理系统，以数据驱动业务运作，提供高效率、高体验的数字化服务，实时展示运营状态，提升人员的管理效能，为人力资源的精益管理提供平台支持。通过 Mendix 低代码平台，上汽乘用车开发的人力数字运营管理系统包括出勤管理、排班管理、效能分析等 9 大业务模块，适用于 200 多个业务场景。上汽乘用车在极短的时间内对接基础服务，包括权限认证、移动端入口、工作流引擎、数据中台、自动化运维、报警推送等，并对接了人力资源、计划排程、制造执行、办公协同等系统。与传统的编码开发方式相比，人力数字运营管理系统的开发时间缩短 50%，部署和维护的成本降低 30%。

上汽乘用车通过数字化转型战略，以 Mendix 低代码平台为重要支撑，不断追求创新并实现业务流程自动化，更好地应对市场的快速变化。上汽乘用车数字化落地总体架构如图 13.25 所示。

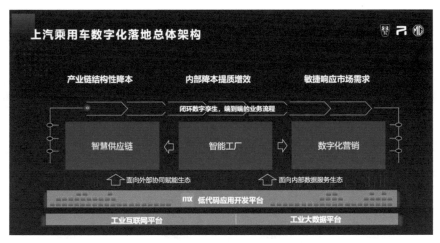

图 13.25　上汽乘用车数字化落地总体架构

13.3.10　智慧制造：金现代和中国中铁电气化局集团有限公司

中国中铁电气化局集团有限公司（简称中铁电气化局）是中国中铁股份有限公司的重要成员企业之一。作为世界一流的轨道交通系统集成企业集团，中铁电气化局参建了我国 70% 以上的电气化铁路建设、60% 以上的高速铁路建设和 70% 以上的城市轨道交通建设，是中国电气化铁路建设的主力军。

1、问题描述

随着信息化建设的不断推进，中铁电气化局的各个部门都相应地建立了信息系统。随着业务量和数据量增多，出现难以对各部门进行统一管理、制度与管理无法满足业务变化的需求、各部门数据不能有效互联互通等问题，导致中铁电气化局的信息化建设水平难以支撑企业战略落地。

2、解决方法

为了完善信息化建设体系、提升整体信息化水平、促进信息化成果转化，中铁电气化局引入轻骑兵低代码平台进行信息化建设。利用轻骑兵低代码平台的可视化表单生成能力、低代码快速开发能力、移动应用生成能力、工作流引擎服务能力，中铁电气化局的业务人员全面参与了信息化系统建设工作，开发与业务相关的功能。轻骑兵低代码平台满足了中铁电气化局信息化系统业务覆盖面广、业务变化快、个性化需求多等信息化建设需求，解决了开发人员不足、建设周期长、响应速度慢等问题，为中铁电气化局的信息化建设提供了强有力的支撑。中铁电气化局的信息化建设技术架构和系统建设服务架构分别如图 13.26 和图 13.27 所示。

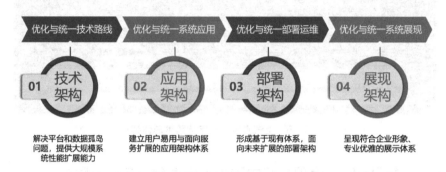

图 13.26　信息化建设技术架构

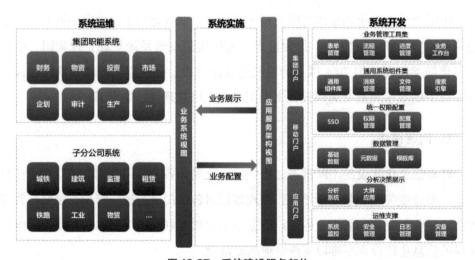

图 13.27　系统建设服务架构

3、应用效果

轻骑兵低代码平台帮助中铁电气化局打造了统一的技术开发平台，建设了以部门和三级单位为节点的 42 个业务平台，集成了 370 个业务数据系统，打通了1100 个业务子系统和业务模块，实现了集团公司与各级单位主要业务领域的信息化全覆盖和业务数据的互联互通。

13.3.11　智慧餐饮：伙伴云和喜家德

大连喜家德餐饮服务有限公司（简称喜家德）创立于 2002 年，是一家拥有 700 多家门店和 1.2 万名员工的大型餐饮企业，2021 年销售额达到 30 亿元。喜家德主要使用的 IT 系统包括伙伴云、泛微 OA、帆软、朗新 HR 系统。

1、问题描述

喜家德在运营管理的过程中遇到了这些问题：统计巡店数据费时间、监察任务追踪难、产品问题搜集慢、产品问题处理不及时、员工价值观打分录入费时间。

2、解决方案

喜家德通过伙伴云创建了喜家德运营管理系统，从而解决了上述问题。喜家德运营管理系统如图 13.28 所示。

图 13.28　喜家德运营管理系统

（1）通过伙伴云创建巡店管理系统，店长进行门店管理，自动进行数据计算和统计分析，提高了数据的准确性和及时性，节省了手动在 Excel 中进行计算和统计分析的时间。

（2）喜家德运营管理系统的仪表盘可以直接读取任务的执行情况，并自动生成每个监察员和每个月的任务待办与进度，通过任务待办和自动提醒功能，保证员工在有限的时间内完成任务，有效避免忘记打分的情况。同时，喜家德运营管理系统可通过时间、门店等快速定位任务，并通过任务的详情和动态，监控单个任务的执行效果，提高任务执行的效率和效果，保证监察数据的准确性。

（3）通过巡店管理系统的客户调研管理功能，可自动搜集问题，并形成问题列表，不需要手动进行问题整理，节省人力。如果遇到严重的问题，则系统可自动预警，大幅提高处理问题的速度。巡店管理系统可对问题进行归类，不同类型的问题使用不同的颜色进行标识，从而分析门店、工厂的共性问题，优化产品并提高运营效率。

通过喜家德运营管理系统，喜家德实现了从数据搜集、数据处理到任务管理的全面自动化，提高了企业的管理水平和运营效率。

13.3.12　智慧供应链：用友和北京齐力科技有限公司

北京齐力科技有限公司（简称齐力科技）成立于 2005 年，专注于企业采购和供应链管理信息化，以新一代信息技术为企业数字化转型赋能。齐力科技的产品和方案广泛应用于能源、化工、钢铁、冶金、制造、建筑、食品、酒饮、医疗、电子和公共事业等领域。

随着数字化和智能化的发展，仓储管理、生产管理、物流管理和零售管理等场景越来越多地采用条码技术。齐力科技的研发部门选择 YonBuilder 低代码平台，通过 OpenAPI 与业务领域的大量数据进行交互，并结合自身的条码中台实现产品融合，开发仓储管理领域的云条码，即齐力云条码。

齐力云条码是一款针对全行业、全场景的条码应用服务，采用条码、二维码、RFID、OCR、物联网等技术，针对企业数据采集效率低的痛点，提供齐力仓储条码管理系统、齐力资产条码管理系统和齐力车间条码管理系统。齐力仓储条码管理系统的核心功能如图 13.29 所示。

云条码-齐力仓储条码管理系统　　　　　　　　　　　　　用友
yonyou

- **应用名称：** 云条码-齐力仓储条码
- **核心功能：** 支持条码/二维码/RFID/OCR的数据采集与物联网移动应用，搭建条码配置中心，现场数据采集录入、一键提交数据至ERP系统，进行数据计算和处理。

- **入库业务**
  - 采购入库/退库，产品入库
  - 其他入库，调拨入库
  - 包装单

- **出库业务**
  - 销售出库，材料出库
  - 其他出库，调拨出库

- **库存调整**
  - 货位转移
  - 库存盘点
  - 转库

- **辅助查询**
  - 数据管理，物料现存量
  - 货位现存量，空货位查询
  - 仓库看板

- 扫码核验
- 离线采集
- 路径推荐
- 自动生单

- 统一登录认证
- 数据管理
- 在线查询

图 13.29　齐力仓储条码管理系统的核心功能

与其他低代码平台相比，YonBuilder 低代码平台最大的优势在于用友的全域中台能力。中台本质上是公共能力的体现，有了大型复杂应用的中台能力，YonBuilder 低代码平台可以快速进行供应链、金融、财务、人力等领域的应用开发。

YonBuilder 低代码平台通过数据建模和可视化操作，可将具体的业务场景转化为数字模型。在 UI 设计方面，YonBuilder 低代码平台提供多种模板，并可结合企业仓储管理的业务特点，快速实现 UI 控制功能，开发人员可将精力集中在实现业务场景上。在数据处理方面，开放的 API 交互方式可降低产品之间的耦合度，减少后期运维带来的影响。

YonBuilder 低代码平台的流水线发布方式降低了产品部署和运维升级的难度，尤其在后续对产品进行升级时，原先需要耗费大量时间才能实现，现在通过微服务的方式可自主解决，从而使产品的迭代和交付更加高效。YonBuilder 低代码平台的核心价值如图 13.30 所示。

使用了YonBuilder强大的表单配置能力

云条码-齐力仓储条码的表单页面（条码规则分配、条码规则配置、发送规则、单独的档案等）通过YonBuilder的标准组件就可以实现，无需关注 UI控制、UI展示等，体现出YonBuilder标准组件强大的配置能力。

实现应用与平台业务一体化

条码打印模板使用YonBuilder的云打印能力，条码中台的开发仅编写了少量的前端函数和后端函数，实现了与YonBIP和YonSuite平台的业务一体化。

流水线发布，上线更便捷

YonBuilder提供了流水线功能，极大降低了产品部署、运维和升级的难度和工作量，使后续应用迭代和交付更高效。

价值

图 13.30　YonBuilder 低代码平台的核心价值

13.3.13　智慧零售：轻流和天津市大桥道食品有限公司

天津市大桥道食品有限公司（简称大桥道）是一家成立于 1979 年的食品公司，起初是一家糕点食品商店。如今，大桥道拥有 1300 多名员工，并拥有速冻汤圆、粽子、水饺、中西糕点等多条产品线，年销售额达数亿元，是国内冷食行业的领军企业之一。大桥道作为天津市的著名品牌，获得了天津市"百强企业""明星企业""先进纳税集体"等一系列荣誉称号。

然而，在业务管理的过程中，大桥道也遇到一些问题。例如，原有的业务系统过于陈旧，无法满足复杂的业务需求；移动端无法提供实时数据，导致难以实现移动办公；销售报货时，往往会出现报货量与车型不匹配的情况；销售数据、仓储数据和财务数据也无法实时打通。

为解决上述问题，大桥道的工作人员试用了很多产品，发现这些产品的功能模块比较固定，无法按照自身的业务需求进行定制，并需要进行二次开发，开发周期长，开发成本高。最终，大桥道选择使用轻流搭建业务管理系统，并实现如下数字化成果。

（1）打通 PC 端与移动端的业务管理

原先，大桥道使用钉钉进行内部沟通，但钉钉在处理复杂的业务时，能力略有不足。大桥道用轻流取代原有的业务管理软件，并将轻流和钉钉集成使用，打通 PC 端与移动端的业务管理数据，轻松满足多终端业务管理的需求。工作人员可随时随地查看业务数据。

（2）根据报货量匹配车型

如图 13.31 所示，管理人员在系统后台设置每个车型对应的装货量。如果报货量超出或者低于某车型的装货量，则销售人员无法提交订单。只有销售人员调整相关货物的数量，才能提交订单。这种方式可以有效帮助销售人员快速匹配合适的车型，同时提高配送资源利用率。

图 13.31　根据报货量匹配车型

（3）打通销售数据、仓储数据、财务数据

原先，大桥道的销售数据、仓储数据、财务数据并不互通，通过轻流，可将这些数据进行统一管理和分析，并实时查看销售的产品数量、销售额和回款情况。

此外，大桥道利用轻流的自动化生成数据报表的功能，将客户订单、员工业绩、销售额等数据进行统一管理，并可通过报表实时查看数据。大桥道的自动化数据报表如图 13.32 所示。

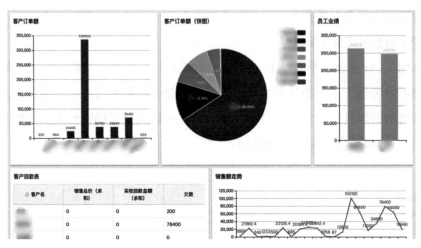

图 13.32　大桥道的自动化数据报表

除了上面提到的业务模块，工作人员的报销流程也在轻流上完成。工作人员填写相应的报销单后，系统会自动将报销单推送至负责人处，在负责人审批通过后，财务人员会自动把费用打到申请人的账户上。

大桥道通过使用轻流重新梳理了销售、仓储和财务管理流程，并将所有流程打通，轻松共享、分析数据，解决数据孤岛问题，提升效率，真正实现降本增效。

13.3.14　智慧建筑：武汉爱科和中国葛洲坝集团有限公司

中国葛洲坝集团有限公司（简称葛洲坝集团）是中国能建集团的骨干企业，历经几十年的发展，形成集建筑、环保、房地产、水泥、民爆、公路、水务、装备制造、金融为一体的业务格局，综合实力位居中国建筑企业前列，是知名的基础设施投资建设运营商和"一带一路"领军企业。

然而，在国内外市场高速扩张的环境下，企业内部数据量激增，需要及时共享和传递信息，人工统计和处理信息的速度不能完全满足葛洲坝集团发展的需要。因此，需要高效构建各类管理系统，为公司的经营决策提供有力支持。

为此，武汉爱科针对葛洲坝集团业务管理的需求，通过 S2 平台，为葛洲坝集团量身定制了解决方案，纵向实现了集团、子公司、项目部的信息互通，横向覆盖了市场、商务、科技等多个业务领域。葛洲坝集团科技管理业务系统的架构如图 13.33 所示。

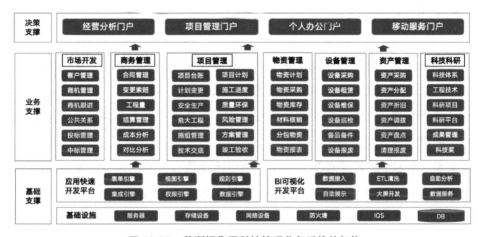

图 13.33　葛洲坝集团科技管理业务系统的架构

下面介绍葛洲坝集团科技管理业务系统的四个重要的子平台。

- 市场开发子平台：可进行项目跟进、投标、中标的全过程管理，便于葛洲坝集团快速、全面、准确地掌握市场的开发情况，并对重大项目进行监管。
- 商务管理子平台：对项目的收支成本进行分析，及时了解项目的盈亏状况，为公司的经营决策提供重要的数据支撑。
- 项目管理子平台：项目生产管理以项目策划管理、项目进度管理为核心，通过项目过程看板展示项目的生产管理情况，便于公司实时掌握项目的实施情况，从而提高工作效率。
- 科技科研子平台：为正在建设的工程项目和科研项目提供全生命周期管理和专家技术服务的全过程管理，打通子公司的技术知识和专家资源，共享子公司的科技成果和技术知识。

同时，武汉爱科还协助葛洲坝集团的子公司开发物资、设备、督办等多个业务模块，形成了完整的信息化管理体系，通过全面展示合同收入、项目成本、进度、风险等业务情况，可了解公司的核心数据和问题，提高决策效率。

葛洲坝集团科技管理业务系统基于爱科无代码平台进行开发，在系统开发的各个阶段都具有优势。

- 调研阶段：使用拖曳操作即可开发页面或流程，用户通过可视化界面可直观了解最终的效果，确保需求落地的准确性。
- 开发阶段：只需实现业务逻辑与算法，即可快速发布和部署系统，大大缩短项目的开发周期。
- 集成阶段：通过平台集成引擎，快速注册第三方系统接口，无须编码，即可对接业务系统，同时可对接口的使用情况进行实时监控，及时发现使用过程中出现的问题。
- 运维阶段：通过拖曳操作，满足运维过程中的需求。

使用爱科无代码平台进行高效开发，可快速满足需求，缩短项目的建设周期，并可根据需求实时调整系统，加快企业的信息化发展速度。